“十三五”国家重点图书出版规划项目

画说现代化养蜂

中国农业科学院组织编写

李建科　著

中国农业科学技术出版社

图书在版编目（CIP）数据

画说现代化养蜂 / 李建科著 . —北京：中国农业科学技术出版社，2018.11

ISBN 978-7-5116-3850-2

Ⅰ . ①画⋯　Ⅱ . ①李⋯　Ⅲ . ①养蜂－图解　Ⅳ . ① S89-64

中国版本图书馆 CIP 数据核字（2018）第 197889 号

责任编辑　张国锋
责任校对　李向荣

出 版 者　中国农业科学技术出版社
北京市中关村南大街 12 号　邮编：100081
电　　话　（010）82106636（编辑室）（010）82109702（发行部）
（010）82109709（读者服务部）
传　　真　（010）82106631
网　　址　http：//www.castp.cn
经 销 者　各地新华书店
印 刷 者　固安县京平诚乾印刷有限公司
开　　本　880mm × 1 230mm　1/32
印　　张　6.25
字　　数　186 千字
版　　次　2018 年 11 月第 1 版　2018 年 11 月第 1 次印刷
定　　价　38.00 元

编委会

《画说『三农』书系》

序言

农业、农村和农民问题，是关系国计民生的根本性问题。农业强不强、农村美不美、农民富不富，决定着亿万农民的获得感和幸福感，决定着我国全面小康社会的成色和社会主义现代化的质量。必须立足国情、农情，切实增强责任感、使命感和紧迫感，竭尽全力，以更大的决心、更明确的目标、更有力的举措推动农业全面升级、农村全面进步、农民全面发展，谱写乡村振兴的新篇章。

中国农业科学院是国家综合性农业科研机构，担负着全国农业重大基础与应用基础研究、应用研究和高新技术研究的任务，致力于解决我国农业及农村经济发展中战略性、全局性、关键性、基础性重大科技问题。根据习总书记“三个面向”“两个一流”“一个整体跃升”的指示精神，中国农业科学院面向世界农业科技前沿、面向国家重大需求、面向现代农业建设主战场，组织实施“科技创新工程”，加快建设世界一流学科和一流科研院所，勇攀高峰，率先跨越；牵头组建国家农业科技创新联盟，联合各级农业科研院所、高校、企业和农业生产组织，共同推动我国农业科技整体跃升，为乡村振兴提供强大的科技支撑。

组织编写《画说“三农”书系》，是中国农业科学院在新时代加快普及现代农业科技知识，帮助农民职业化发展的重要举措。我们在全国范围遴选优秀专家，组织编写农民朋友用得上、喜欢看的系列图书，图文并貌展示先进、实用的农业科技知识，希望能为农民朋友提升技能、发展产业、振兴乡村做出贡献。

中国农业科学院党组书记 张合成

2018 年 10 月 1 日

前言

养蜂业作为绿色发展的空中产业，对解决我国农业、农村、农民“三农”问题、脱贫致富以及提高国民生活水平发挥着巨大作用，对保障我国粮食安全、促进“绿水青山”生态文明建设具有极其重要战略意义。我国是世界养蜂大国，蜂业发展历史悠久，是世界上拥有蜂群数最多和蜂产品产量最高的国家。改革开放以来，我国蜂业与其他行业一样也发生了很大变化，本书针对近年来我国蜂业新技术的发展，以蜜蜂对人类的贡献、蜜蜂生物学和现代化养蜂技术为主线，通过大量的图片一目了然地讲解蜂群的饲养管理技术和蜂业现代化生产技术，这对提高我国蜂业的生产水平具有重要参考价值。

李建科

2018 年 8 月

Contents 目录

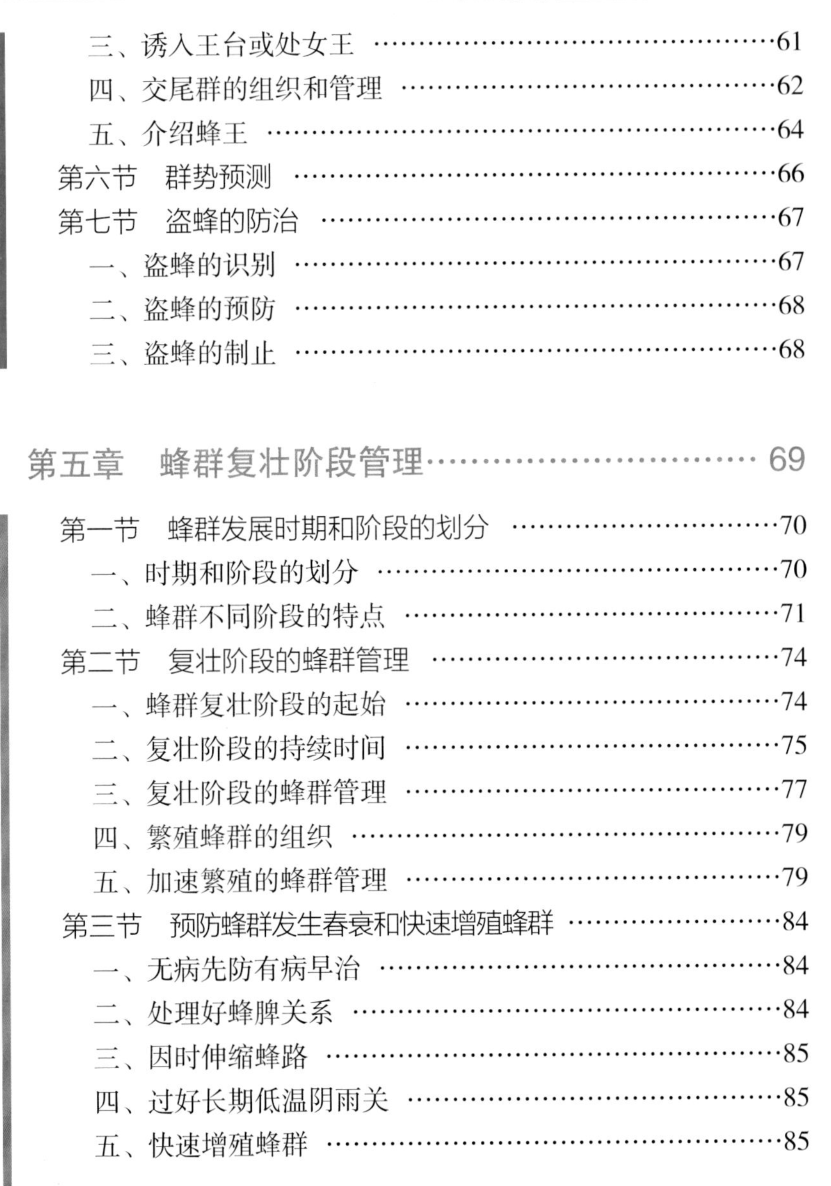

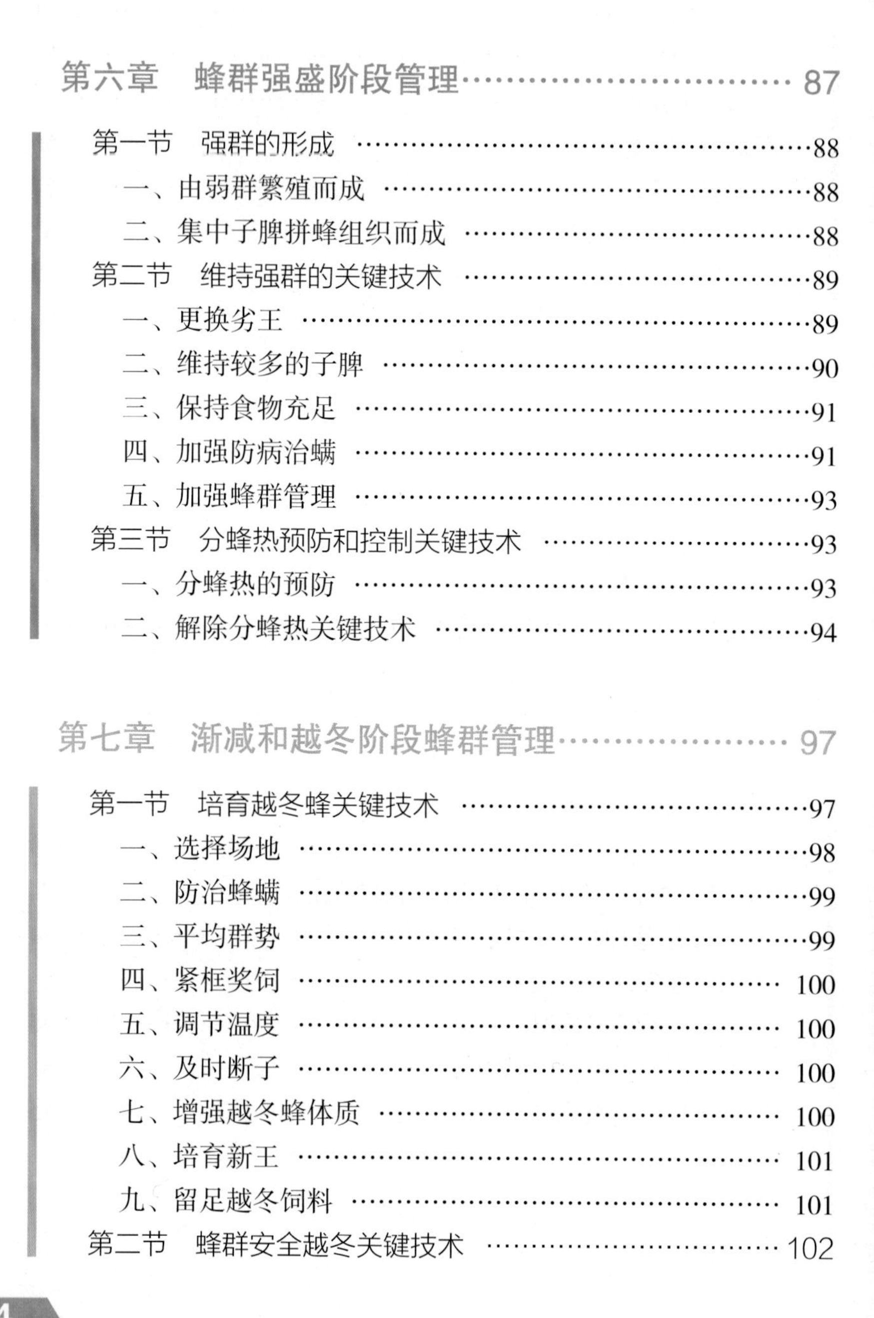

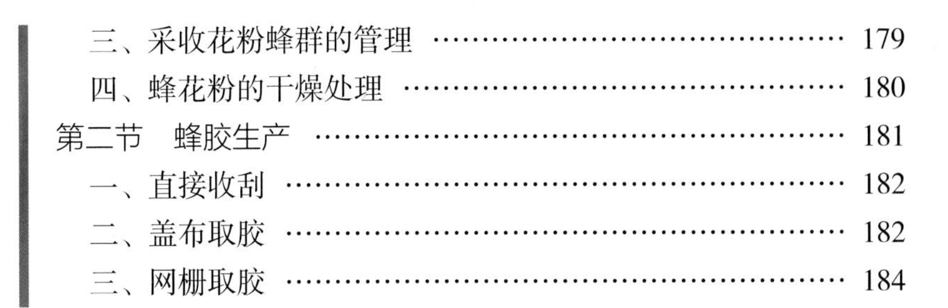

第一章 蜜蜂与人类

第一节　蜜蜂对生态系统的贡献

蜜蜂在自然界生存1亿多年，植物以五颜六色的花朵颜色、形状、气味和花蜜、花粉吸引蜜蜂采集，完成授粉，这是保证植物繁衍生息的关键。迄今为止，在地球上已经发现了16 000多种蜜蜂，分布遍及除南极洲外的世界各个角落。蜜蜂是大自然造物主的杰作，在亿万年的进化过程中，蜜蜂与植物之间形成了互惠互利的关系，保障了显花植物的繁荣，创造出一个五彩斑斓的世界。研究表明，自然界80%的显花植物靠昆虫授粉，而其中85%靠蜜蜂授粉，90%的果树靠蜜蜂授粉，共有约170 000种显花植物靠蜜蜂授粉。如果没有蜜蜂的传粉，约有40 000种植物会繁育困难、濒临灭绝。

生态平衡（Ecological balance）是在特定条件下能适应环境的生物群体相互制约，使生物群体之间，以及生态环境之间维持着某种衡定状态，也就是生态系统内部的各个环节彼此保持一定的平衡关系。因此，植物群落与昆虫群落的授粉与提供食物形成了它们互惠共生的协同进化关系。在众多的传粉昆虫中，蜜蜂分布广泛（自赤道至南北极圈都有），且全身密布绒毛便于黏附花粉，后足进化出专门携带花粉的花粉筐；加上蜜蜂具有群居习性和食物囤积行为，可以随时迁移到任何一个需要授粉的地方，因此，蜜蜂成为人类与植物群落相联系，且唯一可以控制的、理想的昆虫，在人类保护生态平衡中显示出越来越重要的作用（图 1-1）。

图 1-1　蜜蜂为牡丹、芍药等花卉授粉（李建科　摄）

由于蜜蜂授粉对维持生态平衡具有重要性，因此蜜蜂的重要性已被认为是“如果没有蜜蜂及其授粉行为，整个生态系统将会崩溃”的警示。然而，2006 年秋，美国首次出现了工蜂集体失踪的事件，即蜜蜂蜂群崩溃症状（Colony collapse disorder，CCD），涉及地区包括加利福尼亚州、佐治亚州、宾夕法尼亚州、威斯康星州等 24

个州。当时，美国养蜂者报告蜜蜂失踪数量高达95%，美国的研究机构评估发现，全国平均蜂群损失达31%。2006—2013年，美国每年蜜蜂种群越冬损失率分别为32%、35.8%、29%、34%、29.9%、22.5%、30.6%，已经远超出正常蜂群的越冬损失以及蜂农所能承受的范围。印度、巴西以及部分欧洲地区也曾发现有CCD情况的发生。在法国、比利时、德国、瑞士、西班牙、葡萄牙、意大利和希腊等国也有蜂群失踪的情况发生。欧洲议会农业委员会称，欧洲84%的植物物种和76%农作物生产依靠蜜蜂授粉，欧洲蜂业直接或间接地与60万名欧洲公民的收入相关，而蜜蜂死亡率上升可能会严重影响欧盟的粮食生产和生态环境的稳定。为此，农业委员会敦促欧委会增加2013年后对养蜂业支持，要求各成员国协调行动，采取包括加强研究投入，鼓励信息共享，为蜂农、农民以及兽医提供足够的培训等措施。2015年5月，美国白宫颁布了由美国环境保护局（US Environmental Protection Agency，USEPA）和美国农业部（US Department of Agriculture，USDA）联合起草的《关于保护蜜蜂及其他传粉者的国家战略发展规划》白皮书，旨在控制美国家养蜜蜂的持续下降趋势、保护濒危传粉昆虫种群并对野生传粉者的自然栖息地进行有效管理和维护。由此可见，关爱蜜蜂、保护蜜蜂是关系到自然界和人类命运的头等大事。2015年4月由斯洛文尼亚养蜂协会率先发出倡议，经2015年9月15—20日在韩国大田召开的"第44届国际蜂联国际养蜂大会暨博览会"讨论，决定接受了斯洛文尼亚养蜂者协会的建议。2017年联合国教科文组织正式批准把每年的5月20日定为世界蜜蜂日，同时2017年5月20日斯洛文尼亚邀请全球20多个国家举办了首次庆祝活动，国家总统和总理、联合国粮农总干事都发表了重要讲话，称赞蜜蜂为消除人类饥饿和贫困作出重要贡献，充分证明了蜜蜂对生态和人类的重要性。

第二节　蜜蜂对农业和粮食安全的贡献

2018年全球人口突破74亿人，其中中国14亿人、印度13.3亿人、美国3.2亿人，占据世界人口前三甲，分别占世界人口18.67%、17.74%和4.3%。每平方千米人口密度分别为150人、450人和35人。人口密集主要集中在发展中国家和欠发达国家，因此解决吃饭问题是人类生存的最基本问题。然而，发展中国家和欠发达国家人口不断增长，随着城市化水平的不断推进，土地面积正在不断减少。因此，提高农业生产水平，保证粮食安全仍是今后一段时间的头等大事。就我国而言，改革开放40年以来，经济社会发生巨大变化，农业通过品种改良、田间管理、农业化肥等技术的快速发展，我国的粮食安全基本得到保障。2017年发布的粮食安全指数，我国在113个国家中排列第45位。粮食安全指数是通过各个国家的粮食价格承受力、供应充足程度和质量与安全、自然资源及复原力4个指标来计算的。名列前茅的都为欧美发达国家，其中爱尔兰、美国、英国位居前三位。从1978年到2015年，我国粮食产量提高了104%，油料产量提高了6倍多，水果产量提高了40倍多。从1996年到2015年，我国肉类产量提高了88%，禽蛋产量提高了53%，奶类产量提高了近5倍。过去50多年，化学农业——农药和化肥的使用大大提升了农业生产效率，但利用化肥、农药等手段提升产量的边际效应在逐渐递减。我国化肥施用总量从1980年的1 269.4万吨增长到2015年的6 022.6万吨，增长了4.7倍，年均增长率为4.6%。但调查显示，每千克化肥带来的粮食增量已从9千克降到5千克。又有研究数据显示，1990—2000年、2000—2010年、2010—2013年3个阶段，我国所有作物单位播种面积化肥使用量的增加分别为4.3%、2.7%、

1.2%，粮食作物的种植比例相对稳定，而对应的粮食单产增加分别为0.8%、1.6%和2.7%，说明化肥使用量的增加对产量提升的贡献率越来越小。化肥农药在解决人类温饱问题上是功不可没的，如果不用化肥农药，我国肯定会出现饥荒。当然，它给我们带来的伤害，也同样不可轻视。因此，如何在发挥化肥农药优势的同时将其危害减至最低，寻找替代增产要素是我们急切需要做的事。

研究证明，经蜜蜂授粉后农作物的产量可提高30%到1倍不等。2009年法国科学家通过对全球100种人类直接食用作物的授粉服务的经济价值进行了评估，发现蜜蜂等昆虫为全球农作物授粉的增产价值达1 530亿欧元，相当于2005年全球人类食用农产品价值（约为16 180亿欧元）的9.5%，并且美国市场上经蜜蜂授粉的蔬菜和水果更受消费者喜欢。我国专家2006—2008年通过对36种主要作物蜜蜂授粉产值进行评估，授粉年均价值达3 042.2亿元，是中国蜂业总产值的76倍，占我国农业总产值的12.3%。蜜蜂对农业的贡献已成为欧洲位居第三最有价值的家养动物（图1-2）。

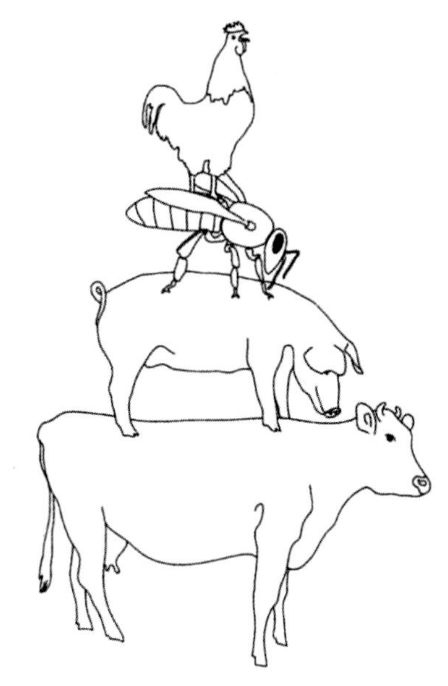

图1-2 蜜蜂授粉对农业的贡献在欧洲位居第三，仅次于牛和猪
（Tauts等，2008）

研究表明，桃花的蜜蜂依靠指数是60%，就是说如果没有蜜蜂授粉，仅能有40%的产量。而大杏仁和蓝莓是100%，苹果、樱桃是90%，梨花是50%（图1-3）。世界上大部分农作物属虫媒植物，都需要依靠蜜蜂等昆虫授粉提高产量，改善果实和种子品质，提高后代的生活力。研究显示，在全球107种与食品直接相关的主要农作物中，有91种作

图 1-3　蜜蜂为桃树（左）和梨树授粉（右）（李建科　摄）

物依赖于蜜蜂等昆虫授粉。人类日常食物的 1/3 直接或间接依赖蜜蜂等昆虫授粉，全球每年蜜蜂授粉的经济价值约为 1 530 亿欧元，相当于全球人类食用的农产品总价值的 9.5%（表 1）。另外，蜜蜂授粉还能有效提高农产品的品质，大幅减少化学激素的使用。因此，从某种程度上讲，蜜蜂授粉应列为“生产资料”范畴，与化肥、农药、生长素一样，在某种意义上甚至比它们还重要。

表 1　蜜蜂等授粉者对不同农作物生产的贡献（Gallai 等，2009）

作物分类	平均价格（欧元 /1 000 千克）	农产品总产值（$\times 10^9$ 欧元）	授粉产生的价值（$\times 10^9$ 欧元）	授粉的贡献（%）
咖啡、茶叶、烟叶	1 225	19	7.0	36.8
坚果类	1 269	13	4.2	31.0
水果类	452	219	50.6	23.1
油料类	385	240	39.0	16.3
蔬菜类	468	418	50.9	12.2
豆类	515	24	1.0	4.3
香料类	1 003	7	0.2	2.7

（续表）

作物分类	平均价格（欧元 /1 000 千克）	农产品总产值（$\times10^9$ 欧元）	授粉产生的价值（$\times10^9$ 欧元）	授粉的贡献（%）
谷类	139	312	0.0	0.0
糖料类	177	268	0.0	0.0
薯类	137	98	0.0	0.0
综合	—	1 618	152.9	9.5

随着我国农业现代化步伐的迈进，农业向集约化、规模化、产业化发展已呈必然趋势（图 1–4）。据统计，2012 年全国西瓜播种面积达到 180 万公顷，是 1997 年的 1.7 倍；2012 年全国甜瓜面积达到 41 万公顷，是 1997 年的 2.6 倍；2013 年全国苹果种植面积达到 222.15 万公顷，年增长率为 7%；2012 年全国梨树种植面积达 113.67 万公顷（图 1–5）。特别是果树种植面积的迅速增加，造成授粉昆虫数量相对不足，不能满足授粉的需要，已成为制约果业发展的重要因素。

图 1–4　云南省罗平市油菜种植（张旭凤　摄）

图 1–5　山西省运城市梨树种植（邵有全　摄）

由于授粉昆虫数量的不足，不能满足果树产量和质量上的需要。虽然使用人工授粉或者激素喷施的方法可以提高授粉效果，但是从效率和果实安全性上都无法与昆虫授粉相比。

我国经过 30 多年的发展，设施农业已在大部分地区得到广泛推广和成熟应用，已经普及农村基层地区，农民发展设施农业积极性很高。随着我国农业技术的快速发展，设施农业技术逐渐成熟，适合不同地区、不同自然条件的设施技术不断改进，再加上政策的扶持和技术指导，我国设施农业面积迅速扩大，已成为全球设施农业生产大国，面积和产量都位于世界前列。2010 年我国设施园艺面积为 5 440 万亩，其中日光温室面积超过 570 万亩，设施蔬菜 5 020 万亩；到 2012 年我国设施园艺面积已经达到 5 796 万亩，比 2007 年增加了 2 040 多万亩，2007—2012 年我国设施园艺面积年均增长 9.1%；设施园艺产业净产值达 5 800 多亿元，其中设施蔬菜瓜类产量 2.67 亿吨，约占蔬菜瓜类总产量的 34%。设施农业的迅速发展，为种植农户带来可观收益的同时，在设施栽培条件下，依赖昆虫授粉的作物，例如，草莓、甜椒、设施桃、番茄和西甜瓜等，由于设施栽培相对独立的封闭环境，必须依靠外在的辅助授粉技术才能实现作物的结实和丰收。采用激素喷施的方法常会造成果实畸形率较高、口感差，也会造成果实被激素污染，而人工授粉增加了劳动力支出的同时，授粉效率也相对较低（图 1–6）。

图 1–6　山西省晋中市太谷县草莓种植大棚（张旭凤　摄）

研究已表明，与激素喷施和人工授粉相比（图 1–7 至图 1–9），蜜蜂授粉不仅可以降低人工授粉的费用，而且可以显著提高作物坐果率和产量。因此，蜜蜂授粉在设施农业生产和种植中具有至关重要的作用，现今蜜蜂授粉技术在设施草莓和西甜瓜的种植上已经得到了成功的推广和应用（图 1–10、图 1–11）。

图 1–7　西瓜种植人工授粉（邵有全　摄）

图 1-8　设施番茄人工振荡器授粉（张旭凤　摄）

图 1-9　山西省晋中市祁县梨树人工授粉（张旭凤　摄）

图 1-10　设施西瓜蜜蜂授粉（邵有全　摄）

图 1-11　设施甜瓜蜜蜂授粉（邵有全　摄）

第三节　蜜蜂对人类健康的贡献

我国是世界蜂业大国，蜂群数量 900 多万群，居世界第二，占世界蜂群总数的 1/10。各种蜂产品产量均居世界首位。目前我国蜂蜜年产量约 50 万吨，蜂胶的年产量约 500 吨，蜂王浆年产量约 4 000 吨，蜂花粉和蜂蜡年产量各约 6 000 吨。大家最为熟悉的蜂蜜“食疗”在我国已经有着悠久的历史，因其蕴含着丰富的葡萄糖、果糖、低聚糖、黄酮、酚酸、维生素和氨基酸等营养物质和生物活性物质，所以其养生功效历来被传颂。《神农本草经》对蜂蜜功效的描述为“味甘、平，主心腹邪气、诸惊痫痓、安五脏诸不足，益气补中、止痛解毒、除众病、和百药，久服强志轻身，不饥不老”等功效。《本草纲目》记载蜂蜜入药之功效：“清热也，补中也，解毒也，润燥也，止痛也。生则性凉，故能清热；熟则性温，故能补中；甘而平和，故能解毒；柔则濡泽，故能润燥；缓可去急，故能止心腹肌肉疮疡之痛；和可致中，故能调和百药，而与甘草同功。”现代科学技术和大量临床医学实践进一步证明，蜂产品在防治疾病、营养、食疗、保健、美容和医药等不同领域均得到了广泛的应用。长期坚持服用蜂产品，具有抗菌、润肠通便、保肝护肝、改善睡眠、美容护肤、降低血糖、抗氧化等功效，可有效预防慢性疾病发展和控制亚健康人群数量增长，有效提高全社会的健康水平。

2014 年 2 月 10 日，国务院办公厅正式发布《中国食物与营养发展纲要（2014—2020 年）》，要求立足保障食物有效供给、优化食物结构、强化居民营养改善，绘制出至 2020 年我国食物与营养发展的新蓝图，优先发展优质食用农产品。因此，大力发展优质蜂产品评价技术，保障消费者根据需求合理选择合适的优质蜂产品是十分必要的。党的“十八大”报告已明确提出“健康是促进人的全面发展的必然要求”“要坚持为人民健康服务的方向”。党的十八届五中全会首次提出推进健康中国建设，2017 年 8 月在全国卫生与健康大会上习近平总书记指出“要把人民健康放在优先发展的战略地位”。《健康中国 2030 年规划纲要》描绘出“健康中国”的新蓝图，中国正在铺设一条以人民为中心的“健康之路”，为实现全面小康奠定坚实基础。把人民健康放在优先发展战略地位，加快推进健康中国建设，既是“十三五”期间我国经济社会发展的重要任务，也是实现“两个一百年”奋斗目标、中华民族伟大复兴中国梦的战略重点。蜂产品对促进人类健康事业发挥巨大作用，如 2001 年我国蜂蜜的人均年消费量大约为 110 克，到了 2012 年，国内人均蜂蜜消费量已达 250 克以上，10 年间翻了一番。虽然比美国人均蜂蜜消费量 500 克、德国人均蜂蜜消费量 1 000 克的数字还相差甚远，但已经接近日本人均蜂蜜消费量 300 克的水平。我国年产 4 000 多吨蜂王浆，约一半在国内市场消费。日本历来是蜂王浆的消费大国，据 2017 年出口数据显示，日本是主要出口市场，市场占比达 42.6%。

第二章 国内外养蜂业现状

第一节 全球养蜂业现状

从 1994 年至今 20 多年，世界蜂群数量保持持续增长态势。2016 年，世界蜂群总量为 9 000 多万，世界 10 大养蜂国分别为，印度约 1 040 万、中国约 900 万、土耳其约 510 万、埃塞俄比亚约 440 万、伊朗约 400 万、俄罗斯约 340 万、坦桑尼亚约 270 万、阿根廷约 268 万、美国约 258 万、肯尼亚约 253 万。我国蜂群数量增长趋势和国际基本保持一致，其中亚洲占世界总数的 42.2%，其次为欧洲（21.5%）和非洲（21.3%）（图 2-1）。

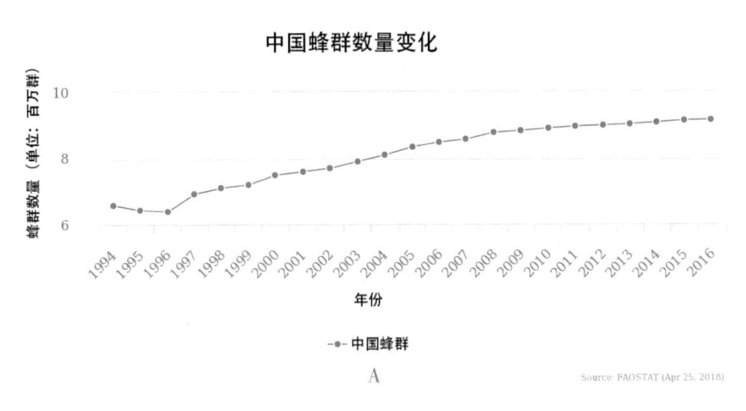

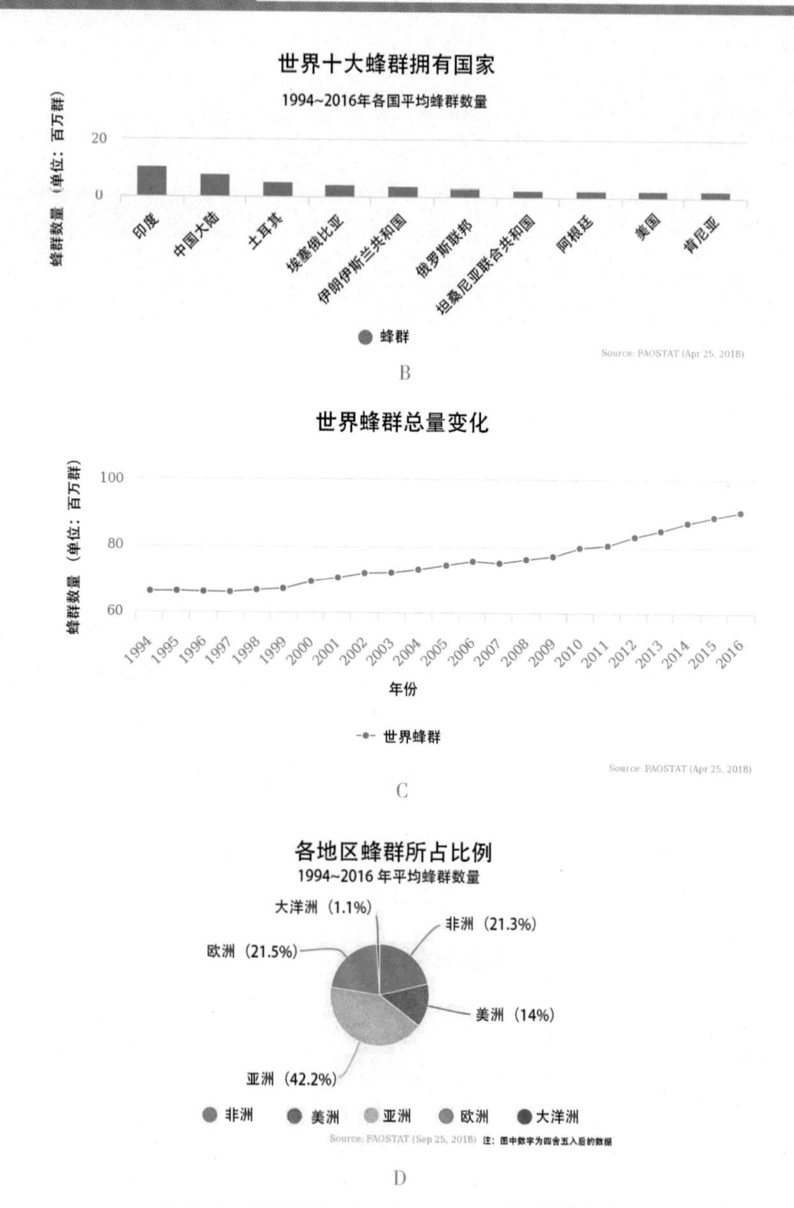

图 2-1　我国蜂业 1994—2016 年蜂群发展情况

A 我国蜂群数量变化情况；B 世界十大养蜂国家；C 世界蜂群数量变化情况；D 蜂群世界各地分布情况

世界蜂蜜生产前 10 强，我国蜂蜜产量居世界首位，年产近 40 万吨，其次为美国 8 万吨，土耳其 7.8 万吨，阿根廷 7.5 万吨，乌克兰 6.4 万吨，墨西哥 5.7 万吨，俄罗斯 5.6 万吨，印度 5.5 万吨，伊朗 4.1 万吨，加拿大 3.6 万吨（68 万群）。我国的蜂蜜价格与世界保持同步增长。世界蜂蜜总产值约 6.3 亿美元，约 400 亿元人民币（图 2-2）。

世界十大蜂蜜生产国

1993~2016年平均产量

蜂蜜产量（单位：千吨）

400

0

中国大陆 美国 土耳其 阿根廷 乌克兰 墨西哥 俄罗斯联邦 印度 伊朗伊斯兰共和国 加拿大

蜂蜜产量

Source: FAOSTAT (Apr 25, 2018)

A

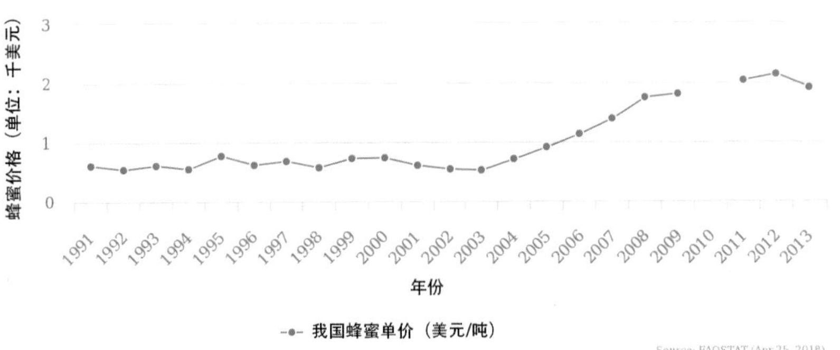

B

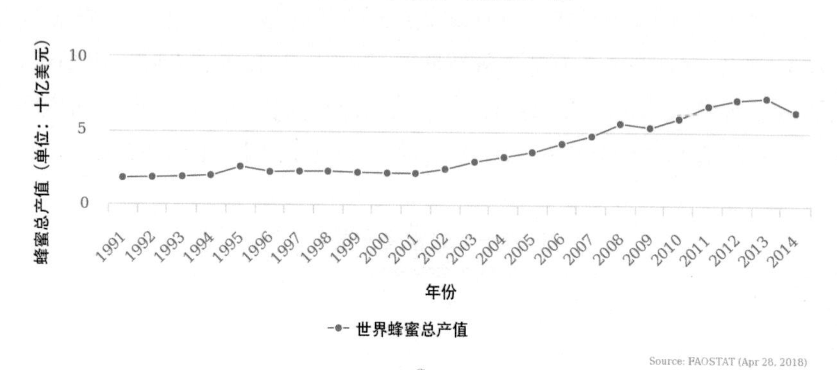

C

图 2-2　世界蜂蜜生产 10 大强国

（A）蜂蜜价格变化（B）和世界蜂蜜总产值（C）

世界蜂蜜 5 大出口国依次为中国（13 万吨）、阿根廷（7.3 万吨）、墨西哥（2.8 万吨）、德国（1.95 万吨）、匈牙利（1.48 万吨）。5 大进口国分别为美国（9.2 万吨）、德国（8.88 万吨）、日本（3.94 万吨）、英国（2.62 万吨）和法国（1.82 万吨）（图 2-3）。尤其值得注意的是，2011 年后，我国蜂蜜产量快速增长，2013 年 4 857 吨，是 2011 年 2 189 吨的 2 倍多，2015 年 6 520 吨，2017 年 5 667 吨。

我国是蜂王浆主产国，占世界总产量的 90%，我国蜂王浆年产

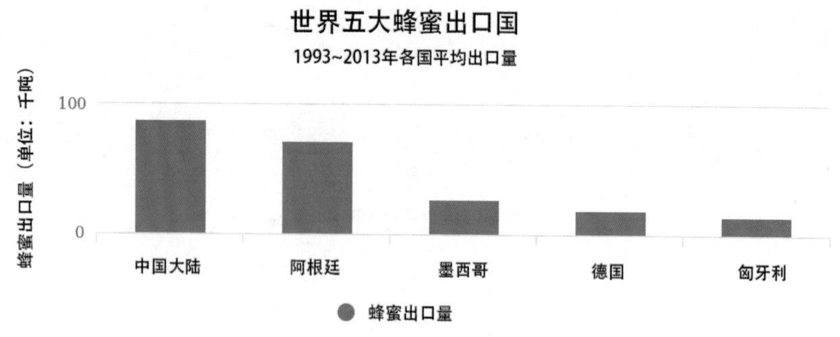

A

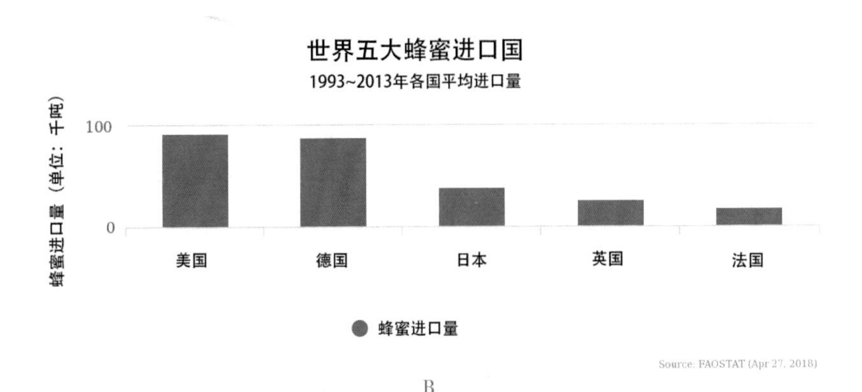

B

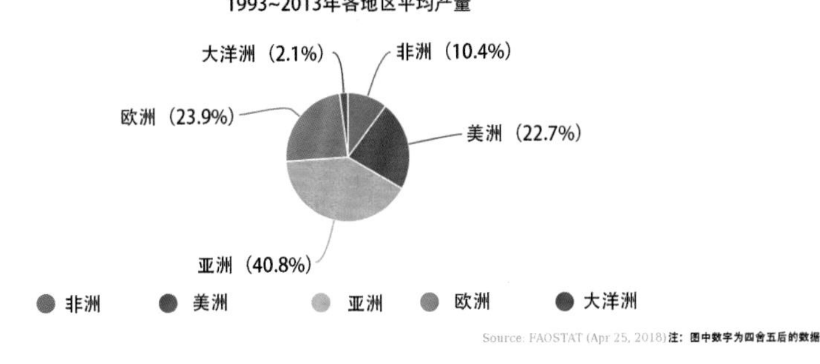

C

图 2-3　世界蜂蜜 5 大进出口国

A 和 B 分别为 5 大出口和进口国，C 为世界蜂蜜的产区分布

约 4 000 吨，主要产自浙江、江苏和安徽等省，总产值约为 80 亿元。大约一半以上在我国市场消费，其他出口到日本、欧洲和美国等地。日本是蜂王浆的最大进口国，2017 年出口到日本的鲜蜂王浆占总出口量的 42.6%，蜂王浆冻干粉占 47.3%。

我国年产蜂花粉 6 000 多吨，内销量逐年增加，主要出口韩国、美国、墨西哥、日本、阿曼、阿根廷等国，其中 2017 年韩国进口中国花粉约 1 400 吨，增幅为 61.6%。由于蜂王浆和蜂花粉为区域性产品，在联合国粮农组织（FAO）没有统计。

世界蜂蜡生产前十强，印度为 20 735 吨，阿根廷、埃塞俄比亚、土耳其都在 4 000 多吨，韩国、肯尼亚、安哥拉、墨西哥、坦桑尼亚和西班牙都在 100~3 000 吨，我国蜂蜡产量 FAO 未统计。世界蜂蜡总产值约 1.11 亿美元，约 7 亿元人民币，但是世界蜂蜡的产值一直在迅速增长。我国虽然不是蜂蜡生产大国，但位居出口第一，每年出口 5 500 多吨。其次为马来西亚 2 689 吨、美国 1 197 吨、德国 987 吨、法国 548 吨。5 大进口国为德国 2 607 吨、美国 1 996 吨、法国 1 338 吨、日本 768 吨和希腊 709 吨（图 2-4）。

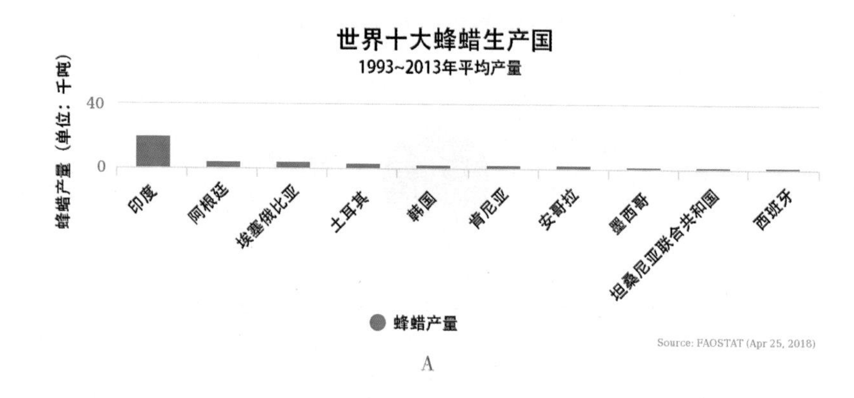

A

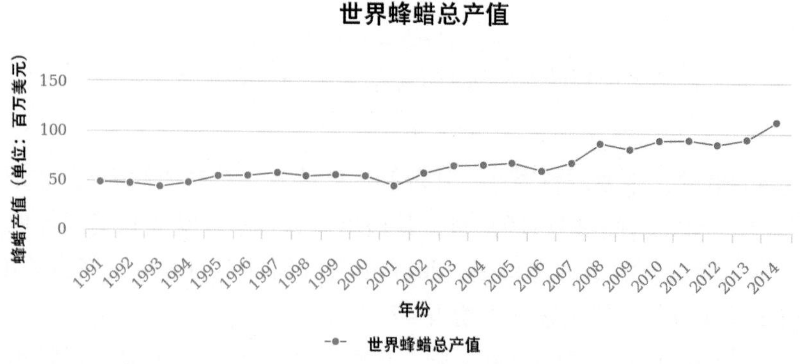

B

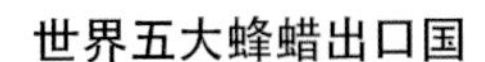

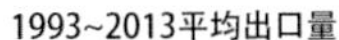

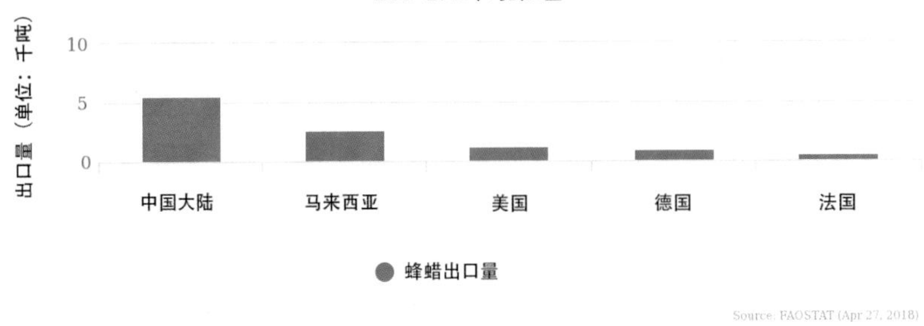

C

世界五大蜂蜡进口国

1993~2013年平均进口量

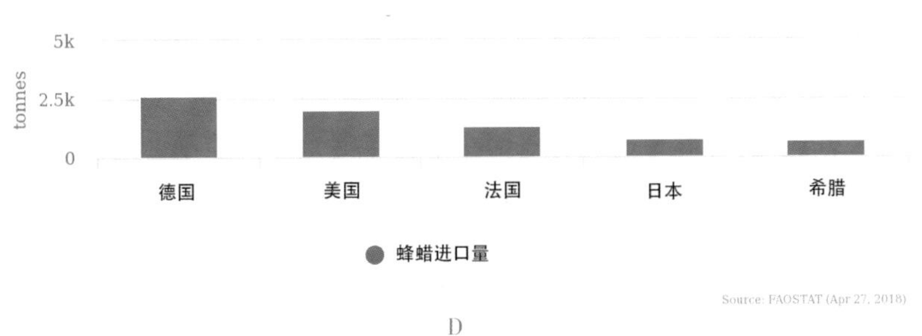

D

图 2-4　蜂蜡的生产和贸易情况

A 世界蜂蜡 10 大生产国；B 蜂蜡产值；C 和 D 分别为蜂蜡出口和进口国

第二节　我国蜂业与发达国家对比

我国蜂业与发达国家存在诸多差异，其主要根源是国家经济发展的差距。我国 2017 年人均国民收入（GDP）为 8 790 美元，目前排名世界 70 名左右，按照 2017 年发展速度，预计 2022 年会达到高收入国家水平，世界高收入国家人均 GDP 为 1.2 万美元。然而，在

2017年年底我国的农业人口依然占41.5%，城市居民占58.5%。而发达国家农业人口一般都在5%以下。我国贫困人口主要分布在农村，并且城乡收入的差距大，很多人养蜂是为了支撑家庭经济，所以我国与发达国家蜂业的差距主要表现在以下几方面。

一、我国养蜂主要以职业居多，发达国家以业余养蜂居多

美国有258万群蜜蜂，95%的蜂群由5%的养蜂人饲养，而5%的蜂群由95%业余爱好者饲养。而我国恰好相反，职业养蜂绝大多数，业余养蜂极少数。我国养蜂主要以生产蜂蜜、蜂王浆和蜂花粉等蜂产品为目的，而美国和欧洲主要以授粉为主，如美国加州的美国大杏仁，每年吸引美国的所有蜂群去授粉，因为大杏仁100%依赖蜜蜂授粉。而美国是大杏仁全球主要产区。

二、我国小规模精细化管理，而发达国家大规模粗放管理

虽然近年来我国的饲养规模有所增大，但大多也在100~400群之间，最大的万群蜂场只有新疆一个，尽管是万群蜂场，但也是分成300多群的单元管理，分散放在不同的场地。发达国家少则上千群，大多为2 000~4 000群，有的达2万多群。如新西兰的一个蜂场饲养2万多群，主要生产麦卢卡蜂蜜，用直升飞机在花期把蜂群运输到人无法接近的密林里采集蜂蜜（图2-5）。我国蜂群管理技术非常精细，

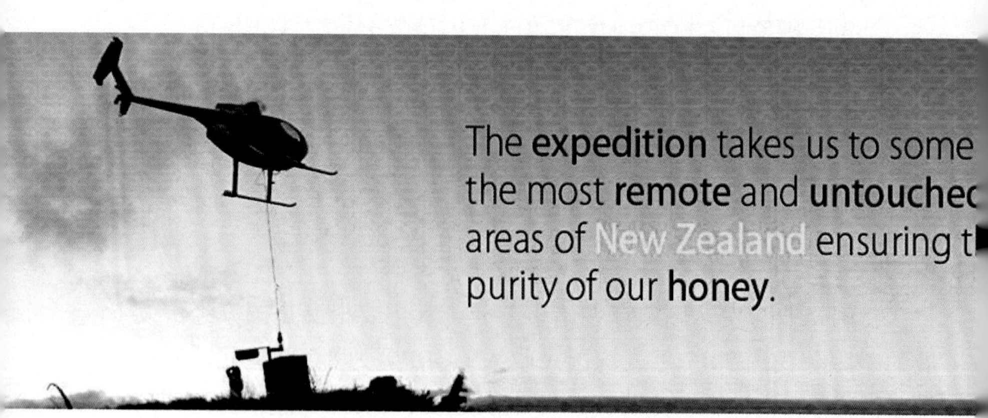

图2-5　新西兰直升飞机运输蜜蜂到深山区采集麦卢卡蜂蜜

比如春繁的单脾加脾繁殖技术，而在欧美无论任何情况下加脾都是满箱，即一次加 10 个脾。我国蜂群是成排摆放，而美国是每 4 个一组尾对尾放在一个支架上，便于铲车装卸（图 2-6）。我国摇蜜是在蜂场现场摇蜜，而美国是等蜂蜜封盖后在一个花期结束后运回到摇蜜车间摇蜜，即使封盖蜜也要在热屋成熟 1 周再摇蜜（图 2-7）。发达国家的蜂箱及时更换油漆，干净整洁，而我国的蜂箱不注意形象（图 2-8）。

A

B

图 2-6　美国的蜂群管理

A 加脾加满箱；B 蜂箱每 4 个一组，尾对尾摆放

A

B

图 2-7　美国摇蜜情况（李建科　摄）

A 蜂场拉回的蜜脾在热屋（32℃），停留 3~5 天后，让蜂蜜成分成熟再摇蜜；B 摇蜜车间

A

B

C

D

图 2-8　我国和发达国家蜂场对比（李建科 摄）

A 美国的蜂箱及时更替油漆；B 美国蜂场一角；C 和 D 均为我国大多数蜂场现状

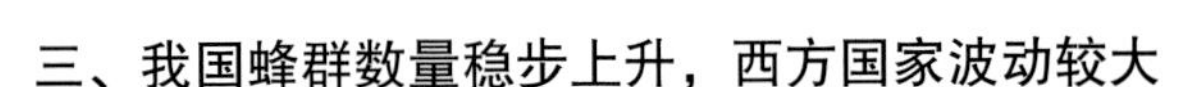

三、我国蜂群数量稳步上升，西方国家波动较大

1994 年至今的 25 年里，我国蜂群数量保持稳步上升，目前约在 800 万箱。欧洲国家如德国和法国蜂群数量一直在下降，美国自 2006 年发生蜜蜂丢失以后，国家高度重视蜜蜂的保护和研究，蜂群数量从 2008 年以后稳步增长（图 2-9）。

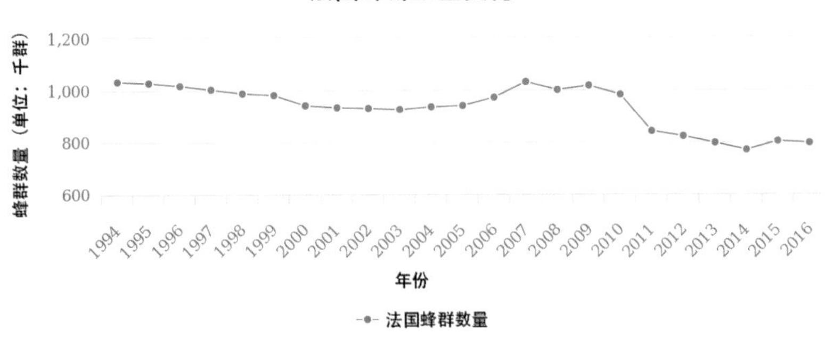

A

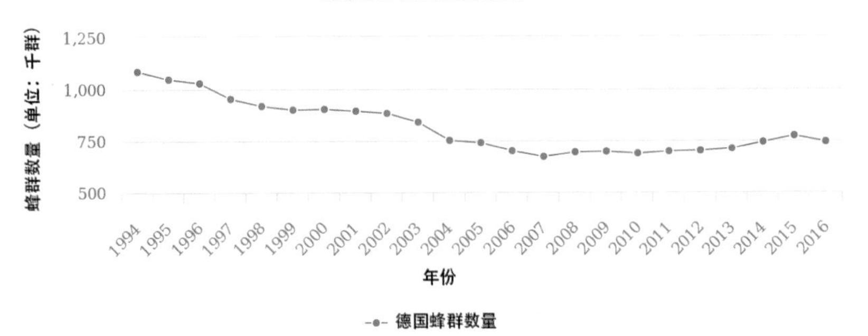

B

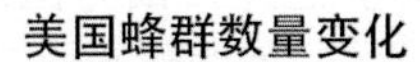

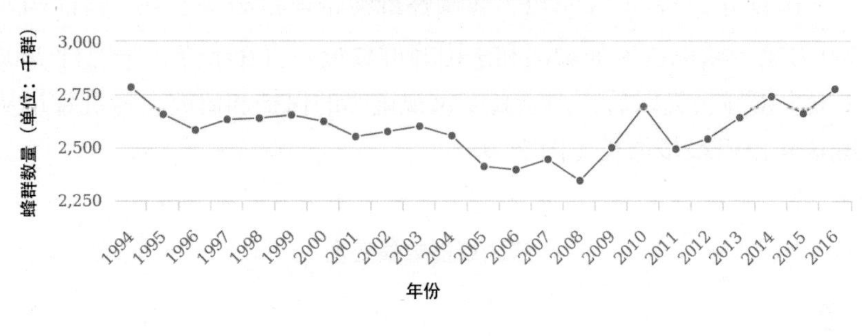

C

图 2-9　法国、德国和美国蜂群数量发展情况

A、B 为法国和德国；C 为美国

第三节　我国蜂业发展面临的机遇与挑战

党的“十九大”明确指出，经过长期努力，中国特色社会主义进入了新时代。在新的历史条件下，我们要实施健康中国战略、乡村振兴战略、人与自然和谐共生的现代化，必须坚持节约优先、保护优先、自然恢复为主的方针，形成节约资源和保护环境的空间格局、产业结构、生产方式、生活方式，还自然以宁静、和谐、美丽。养蜂业正是推动经济健康发展、实现美丽中国的绿色产业。2020 年全面实现贫困人口的脱贫，从 2020 年到 2035 年，要全面建成小康社会。养蜂业由于投资小、见效快、环境友好的产业属性，将迎来历史上的最好发展机遇。

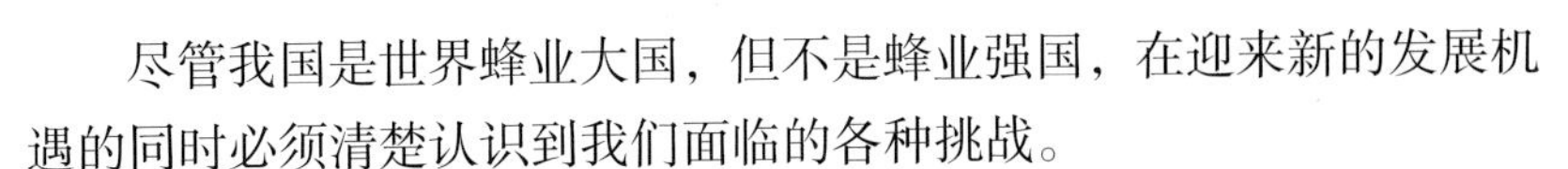

尽管我国是世界蜂业大国，但不是蜂业强国，在迎来新的发展机遇的同时必须清楚认识到我们面临的各种挑战。

一、对蜜蜂授粉对农业和生态的贡献认识以及蜂业的重视程度尚不到位

尽管2009年习近平总书记对蜂业做了批示，农业农村部也制定了蜂业“十二五”发展规划，但政府主管部门对蜂业的重要性依然认识不够。这主要体现在，第一，蜂业在政府管理部门分工不明确，有的归畜牧、有的归林业、有的归草原等部门管理，未能形成如同其他行业一样的规范管理。很多地方对蜂业的管理基本缺失。第二，蜂业科研机构少和科技推广体系不健全。我国的蜂业科研机构国家级仅有中国农业科学院蜜蜂研究所，地方只有吉林和甘肃养蜂研究所，高等院校只有福建农林科技大学、云南农业大学，养蜂工作站只有辽宁、延安。这与德国仅有8 200万人口却拥有11个蜜蜂研究所形成鲜明对比，美国研究蜜蜂的著明大学比比皆是，也是鲜明对照，斯洛文尼亚200万人口也有2个蜜蜂研究所，并已成立国际蜜蜂研究院保护蜜蜂。第三，我国国民对蜜蜂的认识与发达国家存在巨大差异。我国普遍认为养蜂主要是为了生产蜂产品，90%以上养蜂人把蜜蜂收入作为家庭的主要经济来源，而在发达国家，95%以上的养蜂人把养蜂作为业务爱好，其主要目的是减小蜜蜂数量下降带来的生态灾难，其次是生产自食的蜂蜜等。如美国260万群蜜蜂的95%被5%的养蜂人拥有，其余95%的人才拥有5%的蜂群总量。斯洛文尼亚仅200万人口，从事养蜂的人有11万人，占总人口的5%，其中饲养200群以上的仅有100人，其他都为业余养蜂。而我国究竟有多少养蜂人长期是个谜，报道的数字并没有经过严密统计。

二、国民对国产蜂产品质量信任危机是最大的挑战

第一，我国蜂产品生产的现状是标准化程度低，科技含量低。主要体现在生产方式标准化、养蜂技术标准化水平都与发达国家存在很大差距。很多蜂农在生产过程中根本没有卫生意识，蜂箱破烂不堪、有的甚至把破衣裤做覆布生产蜂胶，有的放蜂场放在垃圾堆及污水坑旁边（图 2-10A、B）。第二，生产过程滥用药现象普遍。很多蜂农不明白标准化生产要求，往往根据经验给蜜蜂用药治病，造成农残超标严重。近年来一些企业为了达到出口标准，将农残超标的蜂蜜进行树脂过滤，虽然指标达到要求，但蜂蜜已经远远失去纯天然属性。第三，蜂产品同质化严重，缺乏科技含量。新西兰对麦卢卡蜂蜜的研究证明了其独特的抗菌能力，畅销世界。我国虽然地大物博，也拥有很多特色蜜源，但还没开展研究和挖掘，我国蜂蜜的特色科技含量低。相反，目前普遍宣传产地环境好、优质土蜂蜜等基本雷同的要素。第四，产业文化极度匮乏。虽然近年来意识到产业文化，但尚处于初级阶段，大多简单制作一些卡通之类的蜜蜂，科技含量不高，创意不新，这与欧美形成鲜明对比（图 2-11）。比如罗马尼亚蜜蜂研究所把蜜蜂文化体现得淋漓尽致。德国柏林蜜蜂研究所用跳舞的蜜蜂来阐释蜜蜂对人类的重要性。

A

B

C

D

图 2-10　我国蜂场与发达国家对比（李建科　摄）

A B C D E F

图 2-11 国内外蜜蜂文化对比（李建科 摄）

A-D 罗马尼亚蜜蜂研究所建筑情况；E 德国柏林蜜蜂研究所；F 中国农业科学院蜜蜂研究所门口

第三章 蜜蜂生物学

养蜂实际上就是在科学合理运用蜜蜂生物学，尽管人类与蜜蜂相处超过一亿年的历史，但人们还没有真正地驯化蜜蜂，养蜂的本质是熟练运用蜜蜂群体和个体的生物学特性。

第一节 蜂巢和蜂群

蜜蜂是穴居昆虫，了解其巢穴生态可科学有效地为蜜蜂设计合理的蜂箱，目前的郎氏蜂箱就具备这些特征，它是根据野生状态下蜜蜂喜欢栖居在隐蔽黑暗、出入口小便于蜂群防御（小巢门）、适当容积供蜜蜂繁衍生息、双面六边形的巢脾中间给蜜蜂留有活动空间。巢脾上部储存食物，下部哺育幼虫（图 3-1）。

A

B

C

D

E

图 3-1　蜂巢生态（李建科　摄）

A、B 树干和树枝下的蜂群；C 屋檐下的蜂群；D 现代郎氏蜂箱；E 巢脾的布局，中间幼虫，上部储存食物，封盖的为蜂蜜

第二节　蜜蜂个体生物学

蜜蜂是社会性昆虫，其个体生理与群体生理差异极大。了解个体生物学是养好蜂的前提和基础。

一、蜜蜂表皮

蜜蜂的外壳为表皮，其主要功能是把蜜蜂的体内和体外环境分离开，保证体内环境的动态平衡。几丁质骨骼上有气孔以便进行气体和营养物质的交换，也能隔绝水与空气，防止因水分蒸发而导致蜜蜂失水死亡。外骨骼主要包含几丁质、蛋白质和石蜡3类物质。壳硬蛋白增强了外骨骼的坚硬性，节肢弹性蛋白增加了内角质层的灵活性与延展性。几丁质是一种含氮的多聚糖（$C_8H_{13}NO_5$），类似植物的纤维素。几丁质不溶于水、酒精、稀酸和碱等物质，也不能被哺乳动物的消化酶所分解，但可以被某些细菌、昆虫和陆地蜗牛等的分泌物消化分解，其纤维特性与玻璃纤维相近。石蜡位于外骨骼的表面，能防止水分蒸发，也使得蜜蜂不易被雨水淋湿。

体毛分布于蜜蜂身体各个部位，这些体毛从蜜蜂羽化开始就存在于蜜蜂身体表面，并随着蜜蜂年龄的增长逐渐磨损消失。较长的体毛在花粉采集和运输过程中起重要作用，同时体毛与胸部的短毛起到热保留功能，在低温时蜜蜂可以聚集取暖（图3-2）。

A

B

C

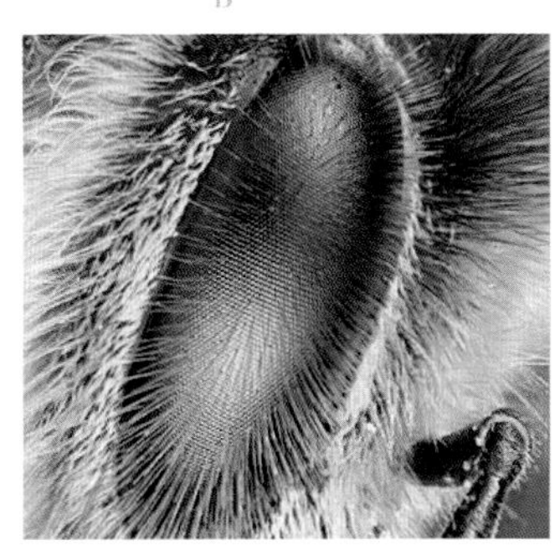

D

图3-2 蜜蜂体表和体表绒毛

A、B 工蜂和雄蜂体表（李建科 摄）；C、D 工蜂胸部和复眼部位的绒毛

二、消化和新陈代谢

蜜蜂以采集的花蜜和花粉为主要营养来源。花蜜主要给蜜蜂提供高能量的糖类，也能提供少量的氨基酸、脂质、矿物质、盐分以及维生素，而花粉是蜜蜂唯一的蛋白质来源。

蜜蜂的消化系统开始于采集花蜜的口器，后经前肠、中肠（消化酶分泌以及物质吸收发生的场所）和后肠。前肠由咽、食管、蜜囊和前胃组成，可以将食物运送至蜜囊中贮存起来。蜜囊中的唾液转化酶已经能够开始消化食物，即将多糖转化成单糖，但花粉的消化发生在中肠，在蛋白水解酶的作用下才能进行。所以中肠才是各种营养物质消化和吸收的主要场所，这些营养物质通过膜状的肠壁吸收后进入血淋巴中。后肠是水分和无机离子吸收的场所，其中无机离子对保持血液离子平衡至关重要。蜜蜂的粪便也是在后肠中形成，然后经肛门排到体外。糖类主要以糖原和海藻糖的形式贮存在蜜蜂体内，前者储存于组织细胞中，后者存在于血淋巴中，糖原和海藻糖都可以随时转化成能被直接利用的葡萄糖。糖原（一种含有支链的多糖）是生物体内的高能物质，由多个葡萄糖组成的带分支的大分子多糖。葡萄糖经一系列化学反应合成糖原后储存于脂肪体、飞行肌和肠组织中，合成途径与脊柱动物体内的反应过程类似。蜜蜂体内糖原的含量随着年龄的增长出现变化，它分解成葡萄糖和海藻糖也受体内新陈代谢和激素的调节。血淋巴中的海藻糖可以很容易水解成葡萄糖，为肌肉提供能量，因而是一种重要的能量储备形式。海藻糖的合成主要在脂肪体中进行，分解主要在血淋巴中进行。这些糖的代谢物能够生成支持细胞生命活动的“能量货币”——腺苷三磷酸（ATP），ATP 提供肌肉收缩所需要的能量。此外，氧气是高能物质分解代谢中电子传递链的最终受体，对高效利用碳水化合物十分重要，尤其是在蜜蜂飞行和摇摆舞动时（图 3-3）。

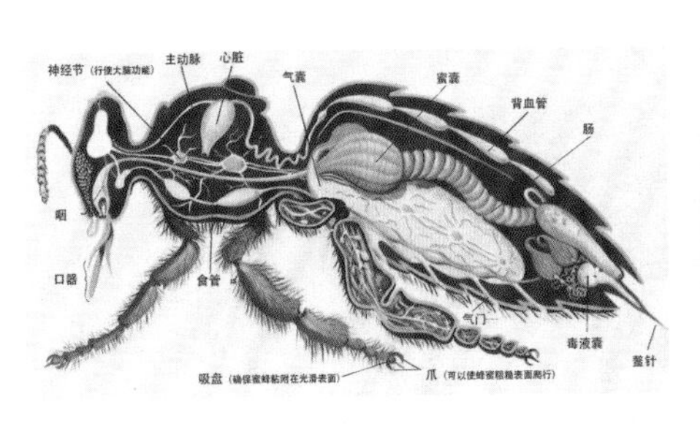

图 3-3　蜜蜂的消化系统与采集花蜜（右图李建科　摄）

三、呼吸

蜜蜂与昆虫一样具有特殊的呼吸方式，即由开口于身体两侧的气门和气管组成的呼吸系统，气门相当于它们的“鼻孔”。气管通过外骨骼气孔与外界相通，直径大约为 2 微米，分成的微气管直径为 0.6~0.8 微米，长度为 200~400 微米，在微气管终端其直径只有 0.2~0.5 微米。蜜蜂的呼吸速率是每分钟 40~150 次，在静止和低温时，呼吸较慢，在活动和高温条件下呼吸频繁，如空气不足和温度过高，会造成呼吸困难，增加体力消耗，甚至造成死亡。

蜜蜂细胞内氧气和二氧化碳的平衡是通过微气管中的气体交换来维持的。当微气管与细胞中的线粒体相距只有几微米的时候，其中的氧气可以快速进入细胞内。通过这种方式，微气管每分钟可以给每克飞行肌提供 4 毫升氧气，完全能够满足蜜蜂的飞行需求。二氧化碳的清除也是通过同样的扩散方式，还能直接通过组织和表皮排出体外，而氧气则不能。碳酸酐酶在释放二氧化碳的过程中发挥重要作用。蜜蜂能够通过腹部的伸缩运动来增强气体交换，类似于手风琴的纵向移动，增加了微气管系统中气体更新的速度。中枢神经系统的呼吸中心可能位于神经节和胸腔部位，神经节和胸腔中氧气浓度的降低或二氧化碳浓度的增高都可能会改变这些部位的酸度值，从而刺激呼吸中心（图 3-4）。

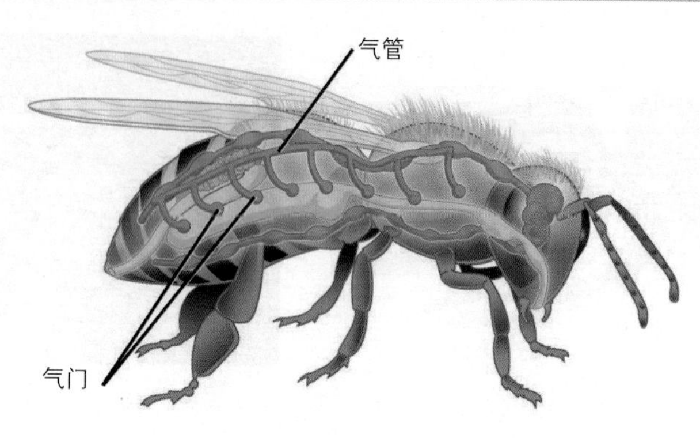

图 3–4　蜜蜂的呼吸系统，贯穿胸部和腹部的为气管，身体两侧的 8 个点为气门

四、血液及循环系统

蜜蜂的血液循环系统是开放式的，血液（又称血淋巴）充满其体腔。蜜蜂血液循环的主要器官是心脏，它是一条长管，始于腹部，沿腹背经胸部而开口于头部脑下，所以又叫背血管。心脏前端细长部分叫动脉，每个心室的侧壁经心门进入心室，心室扩张时就由心门吸入血液，收缩时将心门关闭，同时将血液从后往前推动，经大动脉进入头部，在头部流出血管，再回流到体腔两侧，最终离开血管的血液逐渐渗透回组织，然后流入心脏。在较高的温度下，血液循环能够使大脑保持相对较低的温度；在较低温度的环境下（5℃），脑中会补充更多的循环血液以提供能量。一般情况下，蜜蜂的血压小于周围大气压，所以需要坚硬的外壳保护内部组织。在运动过程中，蜜蜂血压会有所增加。

蜜蜂血液在心脏收缩的压力下进入各器官，即心脏收缩产生正向的压力使得血液向前进入主动脉。在胸部，一些具有收缩性的组织围绕在血管周围，这可以帮助胸腔中的血液进入翅脉，随后回到体腔。心跳是心脏自身控制下有规律的肌肉运动，不需要任何高级神经中枢驱动，但心跳速率受神经和激素的影响，比如乙酰胆碱和肾上腺素会导致心跳加快。

蜜蜂血淋巴中的蛋白已经通过电泳和抗原－抗体共沉淀两种方法鉴定，并且已分离得到20多种蛋白。蜜蜂血液中的氨基酸浓度很高，大约是人体血液的20倍，血液内分子浓度是哺乳动物的2倍。浆细胞会随着血液在蜜蜂体内循环，必要时黏附在组织表面并清除死亡的细菌或组织细胞。与哺乳动物相比，蜜蜂血液没有运输氧气的功能，而是通过气管实现交换气体。氧气和二氧化碳同时存在于体液中，而后者的溶解度更高，所以血液运输二氧化碳可能比直接运输氧气更重要。血液还能把营养物质和激素运输到达各个组织，把代谢废物运输至排泄器官，同时在一定程度上还是营养物质的储存者。在幼虫时期，蜜蜂没有形成血液凝结机制，无法通过血液凝结封闭伤口（图3–5）。

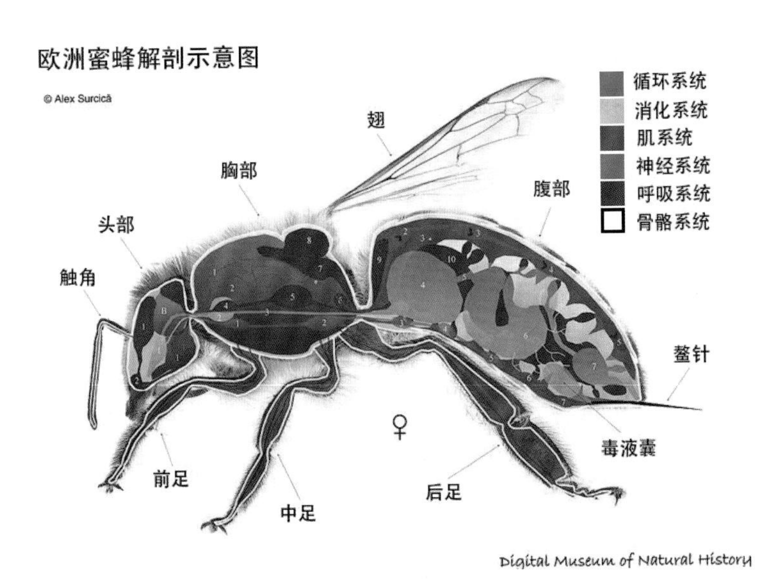

图3–5　蜜蜂的循环系统

图中红色为循环系统，腹部背面是心脏，胸部为动脉

除此之外，血液循环还能在蜜蜂身体不同部位间传递液体静压和热量。

五、盐和水平衡

蜜蜂体内有马氏管，与哺乳动物的肾小球结构相似，主要控制盐分和水分的平衡。马氏管位于消化道中后肠交界处，为细长管状物，由一层细胞组成；其基端开口于中肠和后肠的交界处，盲端封闭游离于血腔内的血淋巴中。其表面有微绒毛，极大增加了表面积，从而能够更好地运输水分、盐分、代谢终产物和副产物（含氮化合物、含硫化合物和磷酸盐）、酸、碱和一些离子，其中尿酸是蛋白质（花粉）代谢的终产物。最初的尿液与血淋巴是等渗的，但是由于水分和其他一些化合物的再吸收，最终从肛门排出的尿液组分会发生变化。最后经过马氏管的尿液是微黄色的，这主要是由于尿液混合了一些无法消化的食物残渣。当蜜蜂体内水分充足时，尿液变稀，相反，蜜蜂失水时尿液会浓稠一些。在蜜蜂幼虫阶段，排泄物积累在肠中，直到化蛹前才排出到巢房底部，因此不会污染幼虫周围的食物。到了蛹期，排泄物会积累堆集在肠中，羽化时排出体外。

蜜蜂呼吸时会丧失大量水分，这是蜜蜂失水的主要原因。蜜蜂气孔吸入的气体与周围空气的含水量相同，但排出的气体含水量高。在低温条件下，将蜜蜂置于一个玻璃瓶中，可以观察到瓶内壁上凝结的

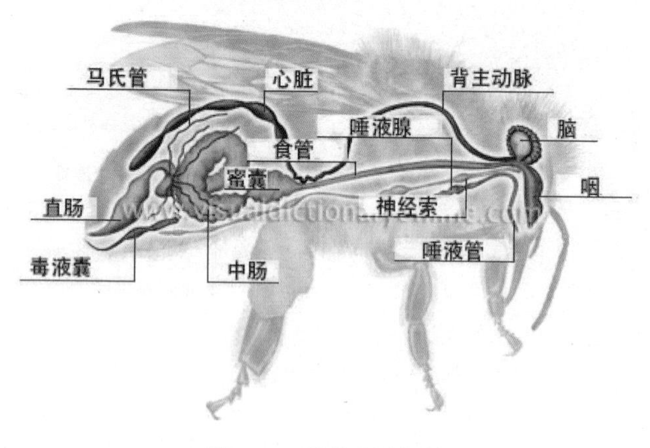

图 3-6　蜜蜂内脏气管

腹部中肠与后肠之间的毛细管状物为马氏管

水珠，这就是蜜蜂散失的水分。蜜蜂水分丧失的另一途径是体表水分的蒸发，石蜡覆盖的表皮可以防止大部分水分的蒸发，因此水分蒸发的主要途径还是通过气孔的蒸发。当环境温度升高时，水分的蒸发速率也随之加快（图 3–6）。

六、感官生理和神经功能

蜜蜂中枢神经系统（Central nervous system，CNS）主要由神经节构成，控制着身体各部分，大脑就是口前的三段神经节的聚合体。相邻的神经节通过一对神经索相连，神经节由神经元细胞体组成，神经元细胞体不是直接处于血淋巴环境中，而是由神经胶质细胞包覆并提供营养（图 3–7）。

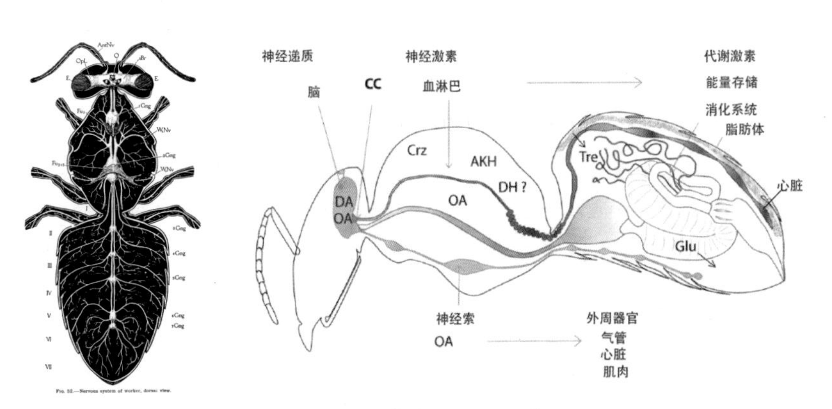

图 3–7　蜜蜂的神经系统

左图为蜜蜂体内神经的分布情况，右图中绿色部分为神经系统

神经冲动或脉冲的产生取决于神经膜对其两侧的钠离子和钾离子的通透性。当刺激改变了膜的通透性并达到一定条件时，钠离子就会大量内流，从而产生神经冲动。神经元输入的信号经中枢神经集成处理后，引发蜜蜂各种复杂的行为，如觅食、搜索、决策、学习和记忆等。

蜜蜂的感受器对于外界各种刺激都十分敏感。蜜蜂体毛是机械性感受器，受到机械性刺激（触摸和重力）压迫变形时，会做出反应。

化学感受器（味觉、嗅觉）主要位于触角，对周围的化学物质十分敏感。花蜜中的糖浓度即使低到 1% 时也能被蜜蜂辨别，但这不能与蜜蜂采集时能接受的糖浓度临界值相混淆。如果蜜粉源充足，蜜蜂采集能接受的糖含量将会高于 40%，而在温带地区的秋天，当植物开花很少时，即使糖浓度低到 5% 的花朵也可能会被蜜蜂采集。蜜蜂可以灵敏地区别多种糖类物质，如果糖、葡萄糖、蔗糖等，也能感知盐类和其他味道。

化学感受在群体协调和集体行为中起到重要作用，特别体现在蜂王和工蜂的化学信息素交流中。像苍蝇一样，蜜蜂可以释放足迹化学混合物，其成分已经通过色谱技术分析得到鉴定，主要包括烷烃、醇、有机酸、醚、酯和醛。睑板腺是一个重要腺体，不同级型分化的蜜蜂睑板腺分泌物不同，蜂王分泌 12 种特有化学物质，工蜂分泌 11 种其专属的化合物，雄蜂只有 1 种是其特有的物质（图 3-8）。

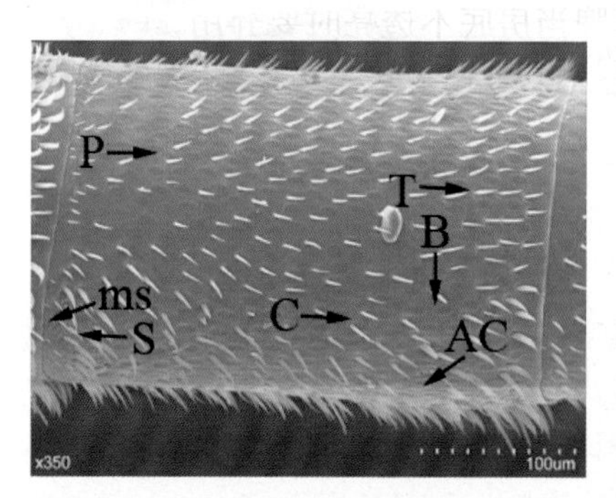

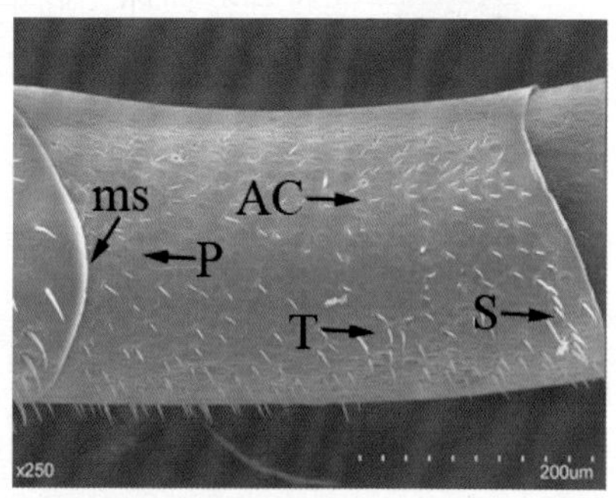

图 3-8　蜜蜂触角上的各种感受器

AC 坛形或腔锥形感受器；C 钟形感受器；P 板形感受器；B 锥形感受器；S 刚毛感受器；T 毛形感受器（房宇等 2012）

蜜蜂体表还分布有对温度、空气中二氧化碳和水蒸气含量等敏感的受体神经元。蜜蜂有 1 对复眼和 3 个单眼，都具有感受光强度的受体。每只复眼由若干小眼构成，每个小眼记录来自视野内小区域的平均光强度，经整合后，形成完整的图像。复眼还能感受偏振光和波长为 0.30~0.65 微米的紫外光。借助这些视觉感受器，蜜蜂能有效地辨

别形状、对比度以及附近物体的运动情况。

蜜蜂听觉感受方面的研究较少。用“C”形音叉敲击玻璃时，蜜蜂活动瞬间减慢，说明它们能感受振动。蜜蜂也产生各种各样的声音，大多数声音的产生与翅膀的振动频率有关，蜂王发出的声音和工蜂的高频振动声音也能被蜂巢内危害蜜蜂的蜡螟听到。

七、生殖发育

蜜蜂的个体发育经历卵、幼虫、蛹、成虫 4 个阶段的完全变态发育，整个过程都在巢房中完成，发育过程包括生长和形态形成。保幼激素对发育起重要作用，它由咽侧体分泌，控制蜜蜂变态和生殖发育。保幼激素在蜜蜂发育的各个阶段都存在，其浓度通常在幼虫阶段高，用以促进幼虫生长发育，但不促进变态，保幼激素的含量在蛹期比较低。发育完成后，成虫破蛹而出。因此巢脾会随着哺育幼虫代数的增加而颜色逐渐变黑，一般新巢脾通亮，老巢脾发黑，新巢脾对蜜蜂发育好，摇蜜时容易损坏，老巢脾当房底不透亮时要弃用，一是培育蜜蜂个体小，二是容易寄生一些病虫害（图 3–9）。蜜蜂成虫一旦出房后会立即清理它和它周围的巢房，并很快就学会用储存在巢房中

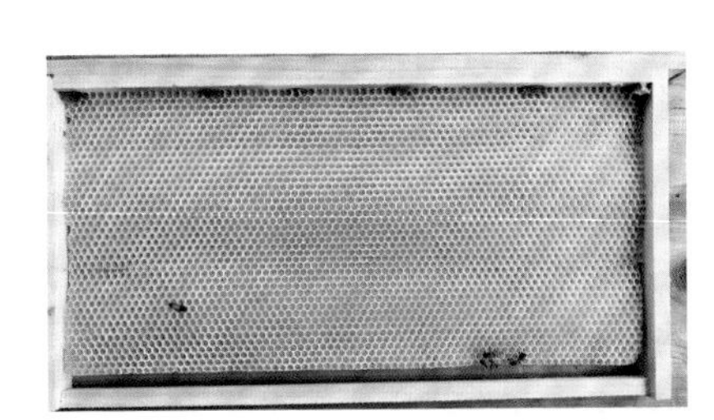

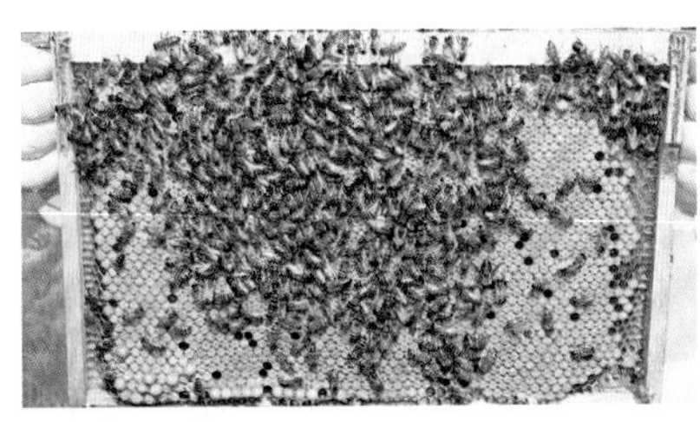

图 3–9　不同年龄的巢脾及其子脾情况（李建科　摄）

的蜂蜜和花粉喂养幼虫。几天后，它头中的咽下腺成熟，产生一种富含蛋白质的高营养物质——蜂王浆，喂给 3 日龄以内的幼虫和蜂王。随着发育，它们会承担诸如保卫、采蜜等其他角色（图 3-10）。

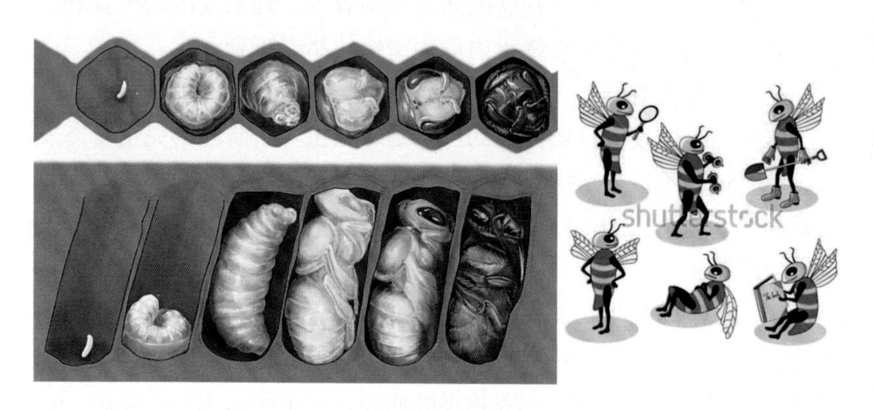

图 3-10　蜜蜂个体发育过程
左图蜜蜂发育经历的卵、幼虫、蛹和成蜂 4 个阶段；
右图主要显示成蜂出房后从事的各种活动

保幼激素、食物和其他信息素共同控制蜜蜂等级分化。例如，工蜂卵巢不发育就是因为受蜂王信息素影响导致其保幼激素含量较低，工蜂获得蜂王信息素后，通过交哺行为（口对口交换液体食物）传递到其他个体。蜂王的发育还与其只吃蜂王浆有关。蜜蜂性别和性别间的形态学差异是由遗传决定的。雄蜂是由未受精卵发育而来的单倍体公蜂（1n），而工蜂和蜂王是由受精卵发育而来的二倍体雌蜂（2n）。处女王可以通过二氧化碳气体麻醉诱导人工产卵，但产的都是未受精卵。蜂王成体内分泌系统对卵的发育几乎没有影响，但可能影响自身的性行为。

一定时间后，蜜蜂器官和机能会出现老化现象，它们的飞行能力逐渐减弱，而且偏好较低的温度。老化现象涉及内部超微结构和生理生化等的许多方面，这些变化可能都受遗传因素的控制。

第三节　蜜蜂群体生物学

通常一个蜂群有 2 万 ~8 万只蜜蜂，它们通过食物采集、防御、亲属识别、代谢节律和温度调节等群体反应实现种群繁衍生息。种群所有个体的行为总和也不等同于群体行为。

一、社会行为生理学

与个体生物学不同，蜜蜂群体行为不受中枢神经控制，而是主要通过蜂王释放的挥发性化学信息素进行调节。信息素是分泌到体外并能引起种内其他个体的行为和生理响应的化学物质，其中最主要的就是蜂王产生的几种化学物质，以维持它在蜂群中的地位和控制群体，同时防止工蜂卵巢的发育。如果蜂王从群体中消失，整个群体很快就会发生骚动。蜂王物质是其上颚腺产生的，主要为了控制蜂群，大部分是一些长链脂肪酸［反式 9- 氧代 -2- 癸烯酸（9-ODA）、正 / 反式 9- 羟基 -2- 癸烯酸（+/-9HDA）、对 - 羟基苯甲酸酯（HOB）和 4- 氢氧 -3- 甲氧基乙醇（HVA）］的复合物。如果没有这些蜂王信息素，工蜂能够在大约 30 分钟后检测到蜂王的消失，所以这些信息素是高度挥发的（图 3-11）。另外，工蜂可以通过舔舐或者触角等感受器获得蜂王信息素中的低挥发性成分。总之，蜂王信息素可以刺激工蜂哺育幼虫、建造蜂巢、采集和储存食物。工蜂也会产生重要的信息素，其中那氏腺信息素、报警信息素、工蜂体表信息素等在种群维护、寻找蜜源、蜜源标记等方面有重要作用。当出现危险时，工蜂释放另一种不同的化学物质（乙酸异戊酯），将产生报警行为。

个体工蜂往往会根据发育年龄执行不同的任务。在劳动分工中，低日龄的工蜂最接近巢的中心且最活跃，随着它们年龄的增加，它们的劳动地点从蜂巢中心向外移动。这被认为是一种适应性进化，提高

图 3-11　蜂王通过信息素吸引周围工蜂（左）和蜂团（右）（李建科　摄）

了工蜂和群体生存的可能性，构成了蜜蜂在世界范围内成功扩散的原因。

群体内信息交流可对雄蜂数量进行控制，即根据季节变化改变蜂群中的雄蜂密度，在冬天几乎没有雄蜂，随着夏季的到来，雄蜂数量将会越来越多。当群体中有大量的雄蜂时，蜂王被禁止产雄蜂（未受精）卵，如果雄蜂数量下降，蜂王会增加产雄蜂卵，从而使雄蜂的数量保持在适当的水平。

二、蜂群食物采集

蜜蜂采集食物也是一种有趣的群体行为。工蜂不是根据自己的需要采集食物，而是响应群体的需要。通常是群体中有经验的蜜蜂负责寻找食物和水分，它们熟悉蜂群附近的环境，可以快速找到品质良好的蜜源和安全的水源。采集花蜜后，带回巢并把食物递给幼蜂，一般传递需要 2~3 分钟或更长时间，这个过程中幼蜂可以“告诉”采集蜂蜂群的食物需求。如果“交货”时间长，采集蜂对这种食物的收集就会减少；如果它们迅速把花蜜传递给哺育蜂，就会刺激它们采集更多的同类食物，甚至招募更多的采集蜂到达蜜源地。例如，当蜂巢内温度过高而导致花蜜浓度高、蜂巢水分少时，高浓度花蜜的递送时间将增加，低浓度的花蜜和水的递送时间将减少，这将促使采集蜂积极采集低浓度花蜜和水分。对于整个蜂群，它们就是通过许多个体的活动和沟通达到了群体层面的共识（图 3-12）。

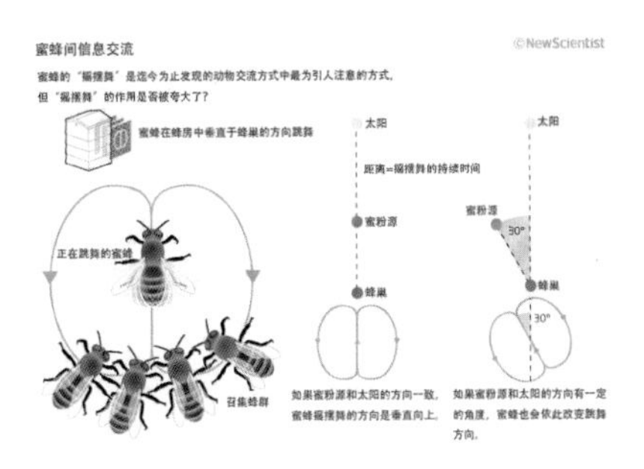

图 3-12　蜜蜂采集食物的信息交流

左图为口对口食物交换，右图为工蜂根据采集食物通过舞蹈召集同伴采集

三、昼夜节律

生物体的各种生理机能都是适应外界环境的昼夜变化而建立起来的规律周期。昼夜节律又称生物钟，是生物在以 24 小时为周期内，生命活动在生理、生化和行为过程中自发形成的变动（不受环境影响）。蜜蜂活动很有规律，它们是昼行昆虫，白天觅食花蜜和花粉，晚上几乎所有的觅食者都回到蜂群。通过监测氧气消耗和二氧化碳释放的速率可以反映蜂群中蜜蜂节律的变化，在 10~20℃温度下，蜜蜂最低代谢率出现在凌晨 4 点，最高速率发生在下午 3 点。在实验室条件下保持温度恒定时，蜜蜂群体代谢的关键因素是光周期。昼夜的代谢差异很大，最高时可以达到 8 倍。即使在恒定的低光或暗条件下，节律性代谢仍然存在，表明蜜蜂已经形成了内源性的社会时钟。蜜蜂昼夜节律代谢在个体和群体中差异很大，个体生物钟是通过群体形成的，这个过程需要蜜蜂之间进行信息交流，但具体形成机制目前仍不清楚。

四、群体呼吸

蜜蜂群体的呼吸代谢速率很快，这就需要群体和环境之间充分进行交换气体。蜜蜂扇风行为是保持蜂巢中气体循环的主要方式，以确保内部空气的流出和新鲜空气的流入。在炎热的夏天，可以在巢门口观察到蜜蜂扇动翅膀（图 3-13）。巢房的内部设计和巢门构造都有助于气体的流通交换。蜜蜂群体呼吸调控具有昼夜节律，即使在恒定的黑暗条件下，蜂群呼吸也具有周期性变化。和哺乳动物或鸟类利用胸腔肌肉的压力改变气流的形式不同，蜂巢群体通过调节入口扇动翅膀的方向改变气流的方向。

图 3-13　蜜蜂在巢门口扇风加强箱内通风（李建科　摄）

五、报警反应

群体防御是蜜蜂重要的社会行为之一，这对保护整个蜂群的生存具有重要意义。当守卫蜂发现有天敌入侵或盗蜂现象时，它们会释放一些化学物质招募蜂群中的工蜂出房战斗，蜜蜂会在空中飞舞或用螫针战斗保护蜂群。引起蜜蜂这种行为反应的物质被称为报警信息素，其中最主要的成分是乙酸异戊酯，而且工蜂蜇人后还会利用它作为标记物，吸引更多蜜蜂攻击标记对象。随着释放报警信息素个体数量的增加蜂群产生更强的群体反应，这说明防御行为高度依赖于群体中蜜蜂的数量，只有少量蜜蜂存在时是不会主动发起攻击。最明显的现象就是当一个人在田野里遇到单个蜜蜂时，蜜蜂很少有任何防卫行为（图 3–14）。蜜蜂防御行为的强度也和外部环境因素密切相关。随着温度升高、太阳辐射增强和气压升高而增强，随着风力增强而减弱。不同花期与蜜蜂蜇人没有明显关系，也就是食物不会影响蜜蜂蜇人的概率。

A　　　　B　　　　C

图 3–14　蜜蜂的群体防御行为

A 集体刺蜇偷蜜的熊；B 意蜂巢门口抵御胡蜂；C 中蜂集体刺蜇胡蜂

东方蜜蜂防御胡蜂入侵的方法比较独特，它们会围绕入侵者形成一个球形进而杀死它们。当有大黄蜂靠近时，很多工蜂围绕入侵者聚集形成一个球形团体，然后它们通过颤抖产生大量的热，使球内温度快速升高。等到温度超过 43℃时，球内蜜蜂能存活，但黄蜂被热死。

六、群体温度调控

蜂群调节温度是最有趣和最值得研究的蜜蜂群体行为。蜂巢内温度最高部位在蜂群的中心，此处温度恒定，向外延伸时温度会逐渐降低，而且形成同心等温线。通过社会稳态调节，蜂群在各种环境条件下维持相对恒定的核心温度（特别是如果有幼虫存在的情况下）。

在气温高达70℃的环境下放置的蜂箱仍能保持35℃的巢内温度。即使气温低达 -80℃，蜜蜂巢内温度也能保持在35℃。这种巨大的蜂巢内外温差是整个群体利用蜜蜂特有的温度控制机制来实现的（图3-15）。

图3-15 蜜蜂的群体温度调控

冬天蜜蜂聚集一起抵御寒冷（左图），夏天温度过高时在巢门口集结并进行扇风降低巢内温度（右图，李建科 摄）

当天气炎热时，蜂巢中蜜蜂个体之间的间距增加，同时通过扇风加快水分蒸发来降低温度，这是蜂巢维持35℃恒温的主要机制。蒸发降温（每克水蒸发时大约消耗580卡路里的热量）的效率直接取决于蜂巢温度和露点之间的差异。蜂群在这方面具有巨大的优势，因为它几乎总是保持蜂巢35℃温度远远高于露点。因此，蜂巢中的实际水蒸气压力总是低于饱和蒸汽压力，从而导致大量的水饱和逆差。另外，蜜蜂可以借助口器将水分置于蜂巢内部表面，然后通过扇风行为引起空气流动。因此，即使蜜蜂群落在非常热的环境中（例如沙漠），只要有足够的水供应，蒸发降温就没有问题。还有一点就是花蜜失水，花蜜中水分蒸发也会降低蜂巢温度，最终生成含水量低的蜂蜜（花蜜含水量约为60%，而蜂蜜仅为20%）。即使在春秋阴凉多雨的天气条件下，因为蜂巢内部维持高温，饱和逆差仍然保持，水的蒸发也一直进行。

随着天气变冷，发生热交换区域的蜜蜂数量减少，扇风行为相应减少。当温度进一步下降时，蜜蜂则会相互靠近、聚集成簇，形成一个更紧密的球体来保存热量。环境温度低于15℃时，蜜蜂就是通过这种扩大或减小聚集群来调节温度。即蜜蜂头部朝内腹部朝外形成一个紧密的球形实体，向内指向的头部对它们精确控制温度具有重要作用，因为已被证明在某些情况下蜜蜂个体能控制头部温度。胸部发达的体毛相互交错，使空气无法流通，为群体创造了有效的“绝缘外套”，毛发的保温为蜜蜂节省了大量的代谢能量。因此，这种保温机制仅靠单个蜜蜂是无法实现的。蜂群另一种保存热量的方法在于巢脾隔热，巢内蜜蜂聚集在一起时，蜂群表面约有2/3的表面积与巢脾接触，可以起到热量绝缘的效果，可以帮助蜜蜂进一步节省热量。如果采取上述这些措施后，温度还是继续下降，蜜蜂只能通过燃烧体内储存的能量物质产生更多的热，这种代谢热产生随着空气温度的降低而增加。胸部中飞行肌肉颤抖是蜜蜂产热的主要部位，主要利用碳水化合物作为燃料。胸肌是已知的最具代谢活性的组织之一，但由于振幅太小，肉眼无法看到。

不同大小的蜜蜂群体对低温具有不同的响应能力。种群越大对低温调控能力越强，对群体越有利。因为蜜蜂数量越多，每只蜜蜂在冬季低温时维持蜂群温度的耗能就越低，而且较高的蜂巢温度可能会提高蜜蜂对一些疾病的抗性。

七、劳动分工

蜜蜂群体中不同日龄的工蜂执行不同的任务，这种现象可以被认为是行为多态性，也就是劳动分工。随着蜜蜂这种行为多态性的变化，其内分泌、基因表达和生理代谢也会发生变化，这些变化可能是通过先天遗传和社会环境因素的相互作用共同控制的。工蜂承担了蜂群中所有劳动，包括巢房清理、幼虫饲喂、服侍蜂王、巢脾建造、蜂巢维护、食物加工、蜂巢保卫、食物采集以及蜂群防御等工作。然而，并不是每只工蜂都要承担这些所有的劳动。相反，蜜蜂具有一套精心策划的劳动分工，其中不同的劳动都被分配给不同的工蜂组去承担，保证了蜂群组织的极高效率。但是，每只工蜂是如何决定进行哪种工作及劳动时长？在任何时刻，巢内的工蜂都暴露于饲喂、食物储存、蜂王、回巢的采集蜂以及巢脾的刺激中，但是工蜂会忽略大部分信息，主要关注一部分与某些特定任务相关的刺激。

一般而言，工蜂年幼时承担巢房内的工作，年长时转变为巢房外的采集工作。虽然工蜂在不同日龄从事的劳动有较大的变化，但工蜂一般按以下行为进展发生变化。在刚出房的最初几天，工蜂主要进行巢房清洁和幼虫封盖工作。出房之后的2~12日龄，工蜂承担“哺育蜂”的工作，集中从事幼虫的饲喂和蜂王的照料。12~20日龄的工蜂是“中年”时期，主要进行食物储存和加工、蜂巢维护和造脾的工作，在此阶段的末期，它们的职责是守卫蜂群。最后，在19~21日龄，工蜂开始转变为采集工作，并且花费越来越多的时间从外界环境采集花粉、花蜜、水和蜂胶，但是同一蜂箱的采集蜂对不同物质的采集能力不同，它们偏好于采集其中一种（图3-16）。

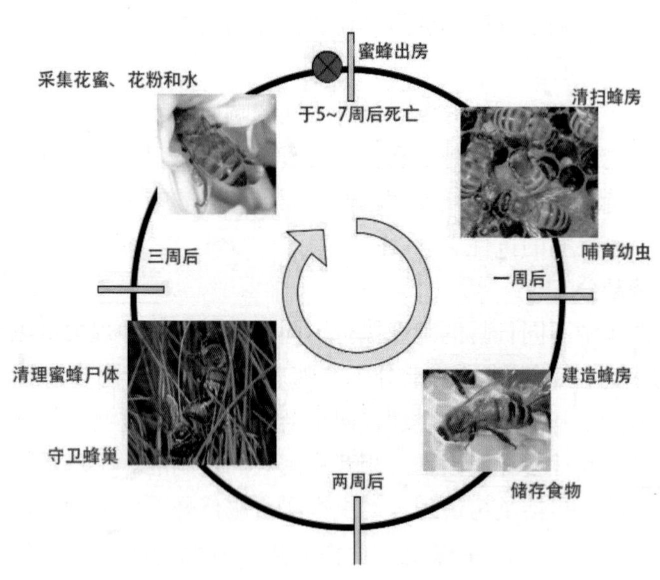

图3-16　蜜蜂的劳动分工、蜜蜂行为、蜜蜂的信息交流

第四章 养蜂现代化基本管理技术

养蜂基本管理技术是日常进行蜂群管理时经常用到的技术，是养好蜜蜂的前提和基础。

第一节　蜂场场址选择

无论定地还是转地养蜂，蜂场都应摆放在交通便利、汽车能到达；坐北朝南、背风向阳、地势高燥、高大的落叶乔木树下。如果没有落叶树木，夏天应给蜜蜂提供遮阴降温措施（图 4–1）。同时要远离河道、高压线、有山体滑坡和泥石流风险的地段。除了这些地理因素外，蜂场周围要有充足的蜜粉源植物，定地蜂场至少有 2~3 个以上的主要蜜源，如油菜、洋槐、荆条、龙眼、荔枝和椴树等，同时，还要有不间断的辅助蜜源能保证蜂群在非流蜜期的生活、繁殖或稍经奖励饲喂即可生产蜂王浆的地方。

图 4-1　遮阳棚下的蜂场（李建科　摄）

第二节　蜂群检查

养蜂的本质是熟练运用蜜蜂群体和个体的生物学特性。也就是听懂蜜蜂的语言、看懂蜜蜂的行为，根据这些采取相应的管理措施，满足蜜蜂群体和个体的生物学特性。蜂群检查分为巢外观察和开箱检查。巢外观测是根据蜜蜂的行为判断巢内的情况，如大量采集花粉归巢，说明蜂王产卵旺盛（图 4–2）。如果巢门前有大量死蜂可能是农药中毒，大量蜜蜂聚集巢门口说明温度过高、蜂群过强。

图 4–2　巢门口观测到蜜蜂采集花粉情况（李建科　摄）

开箱检查通常是要了解蜂群内部的详细情况，一般在换王前后、流蜜前后、治病前后、越冬前后等情况下才进行开箱检查。开箱检查分两种情况，粗略抽查和全面细查。开箱步骤通常是先打开大盖，放在蜂箱后面，覆盖的蜂抖掉放在蜂箱前面，移开隔板后从距身体远端的第一个脾开始检查。为了节省时间，把第一个检查的巢脾放在远端箱壁一侧，然后检查好后依次摆放即可，这样避免了来回移动巢脾的麻烦，这对于饲养规模大的蜂场非常重要（图 4–3）。

图 4–3　蜂群的开箱检查（李建科　摄）

开箱检查的主要内容包括子脾、饲料、蜂王、疾病等。粗略抽查只是为了某一目的才开箱检查。如果子脾饱满、健康连，说明蜂王良好（图 4-4A）；如果饲喂的花粉蜜蜂积极地吃说明外界没有花粉（图 4-4B），相反如果巢脾上储存人量花粉说明外界粉源充足（图 4-4C）；如果巢脾上梁和隔板外也有赘脾储存蜂蜜，一是说明可以摇蜜，二是说明可以加巢础造脾（图 4-4D）；加了巢础一天就能造好，说明蜂王强大、饲料充足（图 4-4E）。

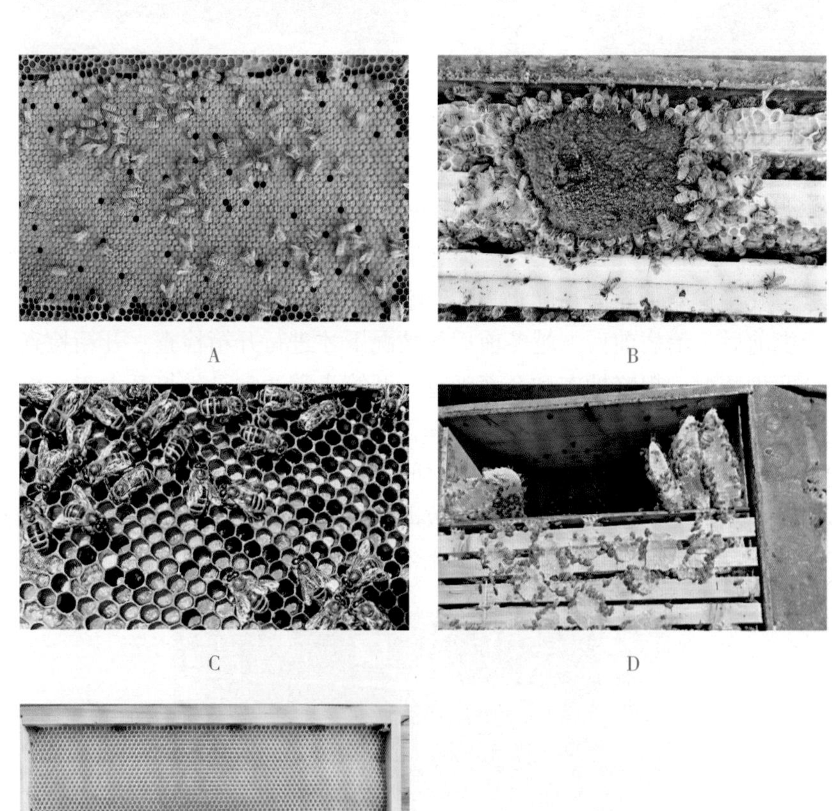

图 4-4　开箱检查粗略抽查的部分情况
A　优良的子脾；B　蜜蜂积极食用花粉；
C　花粉脾；D　蜂群采蜜很好；
E　新建造巢脾（李建科　摄）

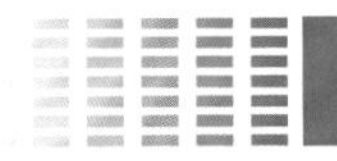

全面细查是对每张脾都要拿出蜂箱进行查看。主要检查蜂群有无分蜂情绪、蜂王产卵、疾病、饲料等情况。如果蜂群开始培育雄蜂并建造王台，说明有分蜂情绪。如果王台里有卵是蜂群分蜂的可靠征兆（图 4–5A）。开箱时蜂王产卵不停，且有大量的卵、幼虫和蛹，说明蜂王产卵正常（图 4–5B）。如果巢脾中间的工蜂房内幼虫被改造为王台，说明蜂王一定丢失。如果巢脾的下沿或边沿建造了几个乃至十几个王台，说明蜂王年龄偏大，这是自然分蜂的前兆（图 4–5 C、D）。如果发现有两个蜂王同时存在（不是人工饲养双王群），这是自然交替，其中一个蜂王是老蜂王。如果发现箱底或巢门口或子脾上有灰色或灰黑色的幼虫僵尸，说明有白垩病（图 4–5 E–G）。如果春天开箱发现框梁上有蜜蜂粪便，可能是孢子虫引起的下痢（图 4–5H）。如果巢脾上蜜蜂体表、幼虫体表有寄生的蜂螨说明螨害已经很严重（图 4–5 I–K）。

A

B

C

D

E

F

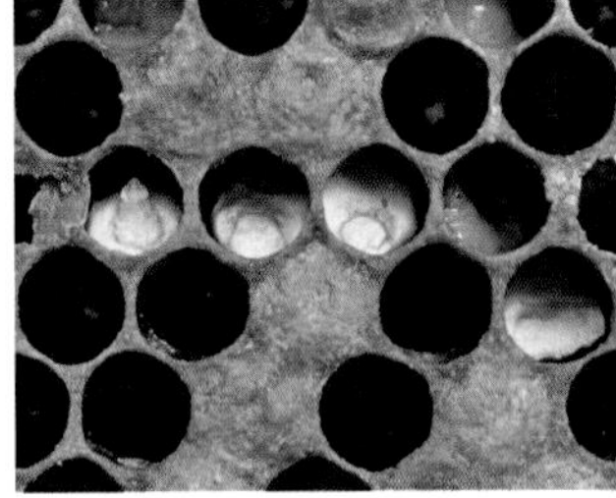

G

图 4-5　开箱细查蜂群情况

A 雄蜂幼虫和台基；B 正在产卵的蜂王；C 自然王台；D 急造王台；E、F 和 G 箱底、巢门和巢脾上白垩病僵死幼虫；H 蜜蜂在箱内下痢；I-K 蜂螨的严重侵害（李建科　摄）

第三节　蜂群饲喂

在外界没有蜜粉源时要对蜂群进行饲喂。饲喂包括喂蜜、花粉和水等。喂蜜分补助饲喂和奖励饲喂。补助饲喂通常在越冬前需要给蜂

群提供足够的越冬饲料，饲喂的方式是次少量大，浓度大（2∶1的糖水比）。奖励饲喂是在外界蜜粉源不足时给蜂群进行补充饲喂，通常是次多量小，浓度稀（1∶1的糖水比）（图4–6A）。春繁期间喂封盖的蜜脾效果较奖励饲喂更好（图4–6B）。喂花粉主要在早春蜂群开始繁殖时，由于外界没有粉源植物开花，所以需要补充花粉，保证蜂王所产的卵都能顺利孵化出房。饲喂花粉最好用储存的花粉脾，如果没有也可以用花粉饼饲喂（图4–6C、D）。

A　　B

C　　D

图4–6　蜂群饲喂

A和B分别为喂糖浆和蜜脾；C和D分别为喂花粉脾和花粉饼（李建科　摄）

第四节　分蜂与蜂群合并

蜂群分蜂是蜜蜂的群体繁殖行为，只有通过分蜂，才能实现蜂群数量的增加。分蜂是将一个蜂群一分为二或者更多。通常把大群的1~2个子脾，再加上1~2个花粉和蜜脾放进另外一个箱里，再放进一个王台或介绍进去一个蜂王就实现了分蜂（图4-7）。

A

B

图4-7　人工分蜂过程

A 在要分的蜂群旁边放一个空箱子；B 提出子脾和蜜粉脾到空箱里（李建科　摄）

合并蜂群正好与分蜂相反，通常在越冬前、春繁前或主要蜜源开花流蜜前集中兵力采集时要把弱群合并组建为强群。

第五节　人工育王

一、培育雄蜂

养蜂生产上通常是“雄蜂出房可以开始育王”。培育优质雄蜂必须具备群势强壮的父群、优质的雄蜂巢脾、充足的蜜粉饲料、适宜的温度和适当的饲养管理技术。

父群首先是要在生产中有良好生产表现的蜂群，强壮蜂群拥有过剩的哺育力，才有培育雄蜂的愿望，蜂王才能在雄蜂巢房内产未受精卵。培育雄蜂的蜂群在春季最低不少于 7 框蜂，在夏季应 10 框蜂以上（图 4–8）。

图 4–8　人工培育的健康雄蜂（李建科　摄）

优质雄蜂巢脾是培育优质雄蜂的关键，最好用新雄蜂脾培育。培育优质雄蜂必须有充足的蜜粉饲料，特别是花粉饲料，如果花粉饲料不足，即使蜂王在雄蜂巢房里产下未受精卵，当幼虫发育到 5~6 日龄也会被工蜂拖出。因此，培育雄蜂的蜂群不仅应有充足的蜂蜜，而且要有充足的花粉。雄蜂幼虫发育适宜温度是 34~35℃，相对湿度是 70%~80%，当外界气温过低或过高都会影响幼虫的正常发育，在气温不正常时，工蜂首先拖出的是雄蜂幼虫。因此，春季培育雄蜂要紧脾缩巢，加强保温，缩小巢门；炎热季节培育雄蜂要加强遮阴、通风、降温。

培育雄蜂的时间要根据育王计划确定。一般情况下，在移虫育王前至少 24 天向蜂群加雄蜂脾，因为雄蜂从卵至羽化出房 24 天，从出房到性成熟 12 天，从卵至性成熟共需要 36 天。蜂王从移虫到羽化出房 12 天，从出房到性成熟 5~7 天，从移虫到蜂王性成熟共需要

17~19 天。因此，在移虫育王前 15~20 天培育雄蜂的性成熟期正好与蜂王的性成熟期相吻合。

培育雄蜂数量要根据育王数量制定。正常情况下，一只蜂王在婚飞过程中与 8~10 只雄蜂交尾。春、夏季培育雄蜂与蜂王的比例是 80 : 1，秋季为 100 : 1。

二、培育王台

蜂群中出现以下 3 种情况，工蜂感到蜂王物质缺少时，开始培育蜂王。一是蜂群偶然失去蜂王；二是蜂群中原蜂王衰老或者伤残；三是蜂群发展到强盛阶段进入分蜂时期。蜂群偶然失去蜂王后蜂王物质已不存在，由工蜂将巢脾中间有雌性小幼虫或受精卵的工蜂房改造成急造王台，进行培育蜂王。特点是王台数量多，少则十几个，多则数十个。当蜂群中原蜂王衰老或者伤残，蜂王物质减少，蜂群中产生更替意念，工蜂在巢脾的下部或两侧修造成 3~5 个自然交替王台，促使蜂王在王台内产受精卵进行培育蜂王。当蜂群发展到强盛阶段，巢内哺育蜂过剩，蜂王物质在蜂群中相对减少，这时蜂群酝酿分蜂，在巢脾的下部或两侧修造分蜂王台，促使蜂王在王台内产受精卵进行培育分蜂蜂王。特点是数量多，在蜂群的分蜂时期出现，王台分布的区域多数是在巢脾的下部。

当外界气温稳定，有丰富的蜜粉源植物开花泌蜜，工蜂采集积极，巢内饲料充足，蜂场没有盗蜂。蜂群处于增殖期，平均每群子脾 6 张以上，预计蜂王出房时能够从原群撤出幼蜂组成交尾群或新分群。同时种用父群中已经培育出成熟的雄蜂蛹，保证处女王交尾时有大批雄蜂能够参与交尾。

我国蜂王浆生产技术十分普遍，移虫育王已不是任何问题。台基可以使用塑料或人工制作的蜡质台基均可。移虫育王有计划准备幼虫非常重要。通过组织种用母群（和父群一样是经过生产验证优良的蜂群）产卵可获得足够数量的幼虫。在移虫前 10 天，将种用母群蜂王用控产器幽闭在大面积幼虫脾上，使蜂王无处产卵。在移虫前 4 天，撤出控产器的子脾，选择 1 张工蜂正在羽化出房的老子脾或者浅棕色

适合产卵的空脾放到控产器内供蜂王产卵。这样通过前一阶段的限制产卵，蜂王再产卵时，可以明显提高卵的重量，使卵的体积增大，利用大卵孵化出的幼虫进行移虫育王是提高蜂王质量的有效措施之一。

移虫育王是将粘有王台基的育王框在哺育群中清理后，直接向王台基里移入种用幼虫进行培育蜂王。为了提高接受率，在移虫前先往王台基内点一滴稀王浆，然后把小幼虫再移植到稀王浆上，避免幼虫受到干渴和饥饿。移虫工作应选择在气温20~30℃、相对湿度75%左右、光线充足的室内进行。如果在外界气温25℃以上、天气晴朗、风力较小、蜜粉源较好、没有盗蜂的情况下，移虫工作可在室外进行。移虫前，首先是从蜂群中提出预先准备好的育王框和幼虫脾，不要直接抖蜂，防止虫脾受震动使幼虫脱位，影响正常移虫，用蜂扫将蜜蜂轻轻扫乱，将育王框和幼虫脾运到移虫的地方，然后用移虫针进行移虫。将移虫针轻轻从幼虫背侧插入虫体下，接着提起移虫针，使幼虫被移虫针尖粘托起来。移虫针放入台基中，针尖抵达台基底部中央时，用手指轻推移虫针的推杆，把幼虫同浆液一同移植到台基里。一次粘托不起来的幼虫，不要重复第二次，应重新移植其他幼虫，使移入台基里的幼虫无伤痕，以便提高成活率。移虫时，选择虫龄要一致，并且要适龄。移完虫的育王框要及时放入哺育蜂群，不要在外界久放，防止幼虫干燥而影响正常发育（图4-9）。

哺育群必须是无病的健壮蜂群，保证拥有充足的哺育力。有严重分蜂热的蜂群，对幼虫的饲喂情绪低，培育出来的蜂王质量差、分蜂性强，不能做哺育群；利用有王群哺育出来的蜂王比无王群好，但在蜂群不强大又必须早育王的情况下，也可以利用无王群做哺育群。利用种用母群兼做哺育群，能使其优良性状更好地遗传给下一代。

哺育群组织好以后，在巢内饲料充足的前提下，每晚奖励饲喂0.5千克的蜜水，使哺育群的子脾外围充满饲料。在外界蜜粉源不足时，特别注意补喂花粉饲料。奖励饲喂坚持到王台封盖时方可停止。连续培育蜂王的哺育群，待王台全部封盖后，轻轻提出育王框，放入事先准备好的其他蜂群无王区内进行保存。原哺育群提出育王框后，

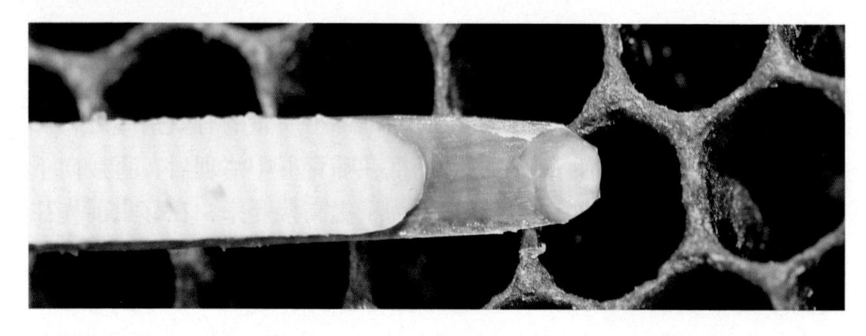

A

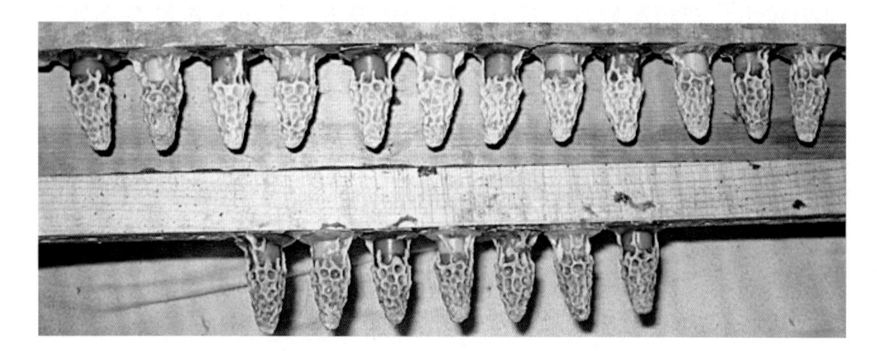

B

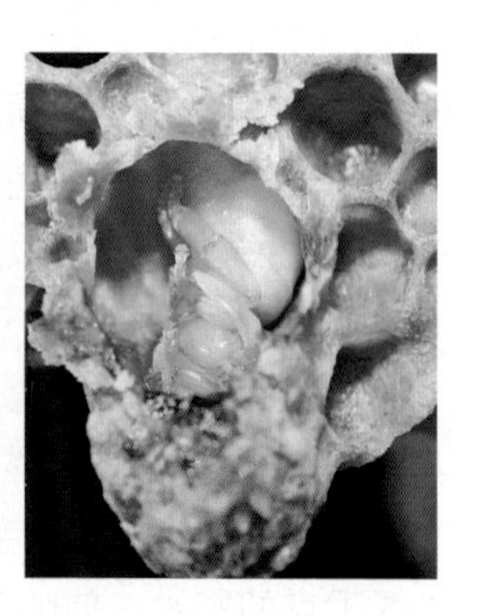

C D E

图 4-9 人工移虫育王过程

A 从工蜂房移出的 24 小时内小幼虫；B 幼虫在塑料台基内发育；C-E 工蜂哺育台基内幼虫以及幼虫发育情况（李建科 摄）

及时放入第二批新移虫的育王框继续培育蜂王。哺育群每 5 天调整一次子脾结构及削除自然王台工作。

三、诱入王台或处女王

蜂王即将出房的前一天，将王台诱入交尾群中。诱入王台有两种方法，一种是将王台底部压入蜂巢中间巢脾中上端即可（图 4-10A）。另一种是将王台放入保护罩，插在巢脾上，防止王台被工

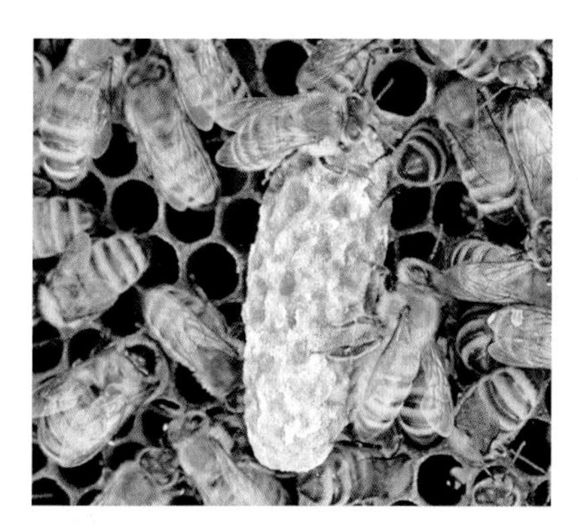

A

B

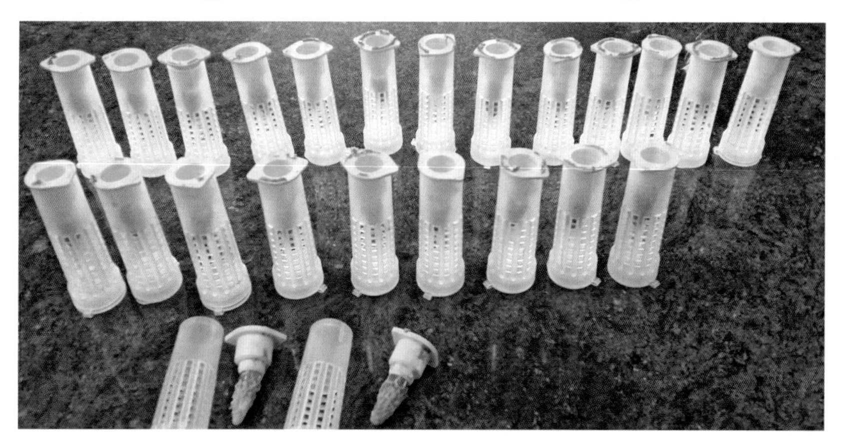

C

图 4-10 介绍王台和处女王

A 直接介绍王台；B 塑料王笼介绍处女王；C 塑料王台保护罩（李建科 摄）

蜂破坏，王台保护罩有多种，目前最简便的是塑料的（图 4-10B），也有用铁丝绕制而成的弹簧状，长 35 毫米左右，广口内径 18 毫米，上有活动铁盖；下端缩口内径 6 毫米，是蜂王羽化后的出口。诱入处女工的方法和介绍产卵蜂王一样（图 4-10C）。

四、交尾群的组织和管理

交尾群根据使用的蜂箱有多种类型，如朗氏脾四室交尾群、1/2 朗氏脾四室交尾群、1/4 高窄朗氏脾十室交尾群、微型交尾群。无论采取哪种形式都要保证足够的哺育蜂数量和饲料。这里简要介绍一下微型交尾群，因其箱体小、巢脾小（相当于朗氏巢脾 1 半左右）、脾数少（一般只放 1~2 张巢脾）、蜂数少（每群仅有工蜂 200 只左右），在大规模育王中常用（图 4-11A）。优点是节省蜜蜂，在不影响原群繁殖的情况下能够交尾数批蜂王；缺点是蜂少无防盗能力，在无蜜源季节不宜使用。因此，只适合在良好的蜜源条件下使用。在组织交尾群前 15 天，把小脾连成大脾送入蜂群产卵和贮存饲料。组织交尾群时，每个微型交尾群放 1 张小子脾和 1 张小蜜脾，在没有小子脾的情况下组织微型交尾群，可以把小蜜脾放入交尾箱，直接从原群隔王板上面的继箱里提蜂，抖入交尾箱，并导入当日能出房的成熟王台或处女王。有处女王存在幼蜂不易飞散，因此没有子脾的微型交尾群不可无王。微型交尾群因蜂数少，易受盗蜂危害，要注意预防盗蜂；在温度较低时需要将交尾箱搬入温室内，外界温度适宜时再放到室外。

交尾箱的分布及摆放位置与交尾成功率有很大关系，不能按一般蜂群的布置方法去安排。交尾箱要放在蜂场外缘空旷地带，摆成不同形状，巢门附近设置各种标记并且利用自然环境，如山形、地势、房屋、树木等特征分别摆放交尾群或者设置明显的地物标志，如石头、土堆、木堆等，以利于处女王飞行时记忆本巢的位置。为了提高交尾成功率，交尾箱的四面箱壁分别涂上蜜蜂善于分辨的蓝、黄、白等颜色（图 4-11 B、C）。

检查交尾群要利用早晚处女王不外出飞行的时间进行，不要在其

A

B

C

图 4-11　微型交尾箱和育王场

A 微型交尾箱；B 和 C 分别为不同类型的交尾场

试飞或交尾时间开箱检查。检查时发现处女王残疾应及早淘汰；失王的交尾群要及时导入王台或诱入处女王。在良好的天气条件下，出房15 日不产卵的处女王应淘汰，补入虫脾后再重新导入王台或处女王。交尾群缺饲料时，应从原群换入蜜脾，不宜直接饲喂蜜糖，防止引起盗蜂。迫不得已时，可在晚上喂适量的炼糖饲料。

处女王在交尾群中产卵 8~9 日就可以撤走利用。当交尾群撤走新产卵王 1~2 天后，子脾上会出现急造王台，这时要削除急造王台，导入成熟王台或诱入处女王。

五、介绍蜂王

蜂群在长期进化过程中形成了只接受自己培育蜂王的特性，处女蜂王从王台里出来后的第一件事就是破坏其他王台、攻击老蜂王（图 4-12 AB）。5~7 天性成熟，10~12 日龄交尾（交配），交尾在空中进行，场面非常壮观。15 日龄后得不到交尾将没有任何价值。交尾成功后 2~3 天开始产卵，一天产卵 1 500 多粒，相当于体重的 2 倍。自然寿命 3~5 年，生产只利用 1 年。但在给蜂群更换蜂王时，如果要把别的蜂群产卵蜂王替换到要换王的蜂群，一般情况下都不会接受，需要采取对介绍蜂王的保护措施，让接受蜂王蜂群的工蜂经过与被介绍蜂王充分的气味交换和敌意宣泄后，再把新蜂王放出来。蜂群接受蜂王的时间 1~3 天不等，如果外界蜜源良好，很快就会接受，反之需要较长时间。同时年轻蜂王较老蜂王难接受。介绍蜂王的方法有很多种，但目前普遍使用效果良好的是铁纱或塑料王笼介绍。目前市场上有很多塑料王笼，但用铁窗纱也可以做，起到同样效果（图 4.12 C-E）。工蜂不接受蜂王通常在王笼上咬，敌意大时还发出“吱吱吱”的声音（图 4.12 C），一旦接受后，工蜂在王笼上如同在巢脾上一样自由爬行（图 4.12 D E）。

A

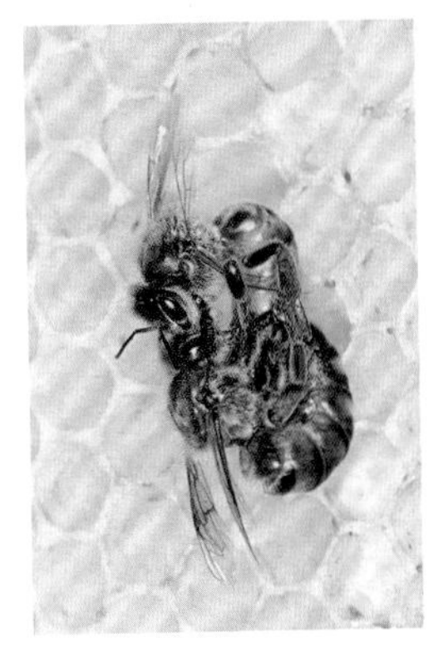

B

C

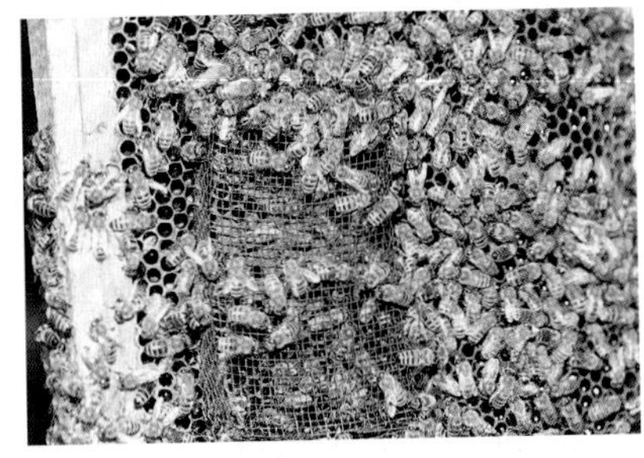

D

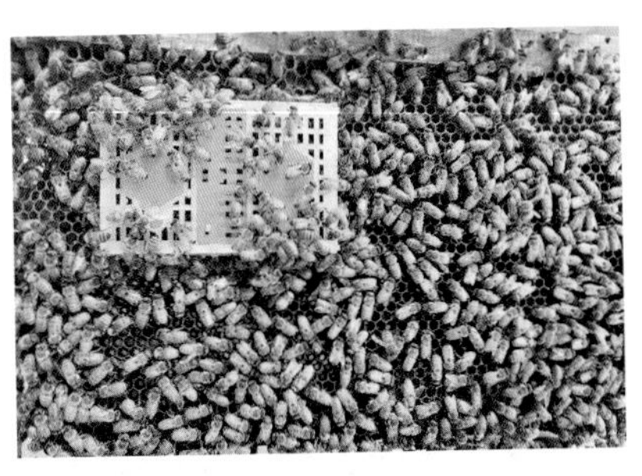

E

图 4-12　蜂群新蜂王出房和介绍蜂王过程

A 和 B 为新蜂王出房并与老蜂王搏斗情况；

C-E 铁纱或塑料王笼介绍蜂王过程（李建科　摄）

第六节　群势预测

预测蜂群大小及变化趋势对养蜂生产具有极大帮助。群势预测是根据蜜蜂生物学的基本原理进行判断。其基本要素是一粒卵到出房蜂需要的时间为 21 天，其中封盖子 12 天，未封盖子 9 天；蜜蜂活动季节的寿命大约 40 多天；1 足子脾能出房 2 脾蜂进行判断。1 足脾蜂是巢脾两面爬满蜜蜂既不重叠又不露出巢房。例如一个蜂群有 7 脾蜂，其中子脾有 4 足脾，那么 21 天后将变为 11.5 脾蜂。因为，4 个子脾可以出来 8 脾蜂，老蜂大约死掉一半，还剩 3.5 脾蜂。如果黄淮流域刺槐开花流蜜的时间在 5 月 25 日，那么至少在一个月前蜂群就要达到 7 脾以上，且至少有 4 脾以上子脾。因为即使提前 21 天具有上述群势，但幼蜂出房至少 10 天后才能开始采集，因此，准确的群势预测是保证生产的前提（图 4–13）。

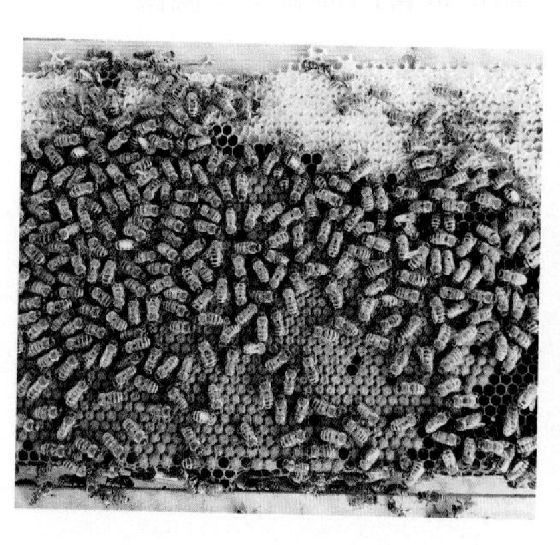

A

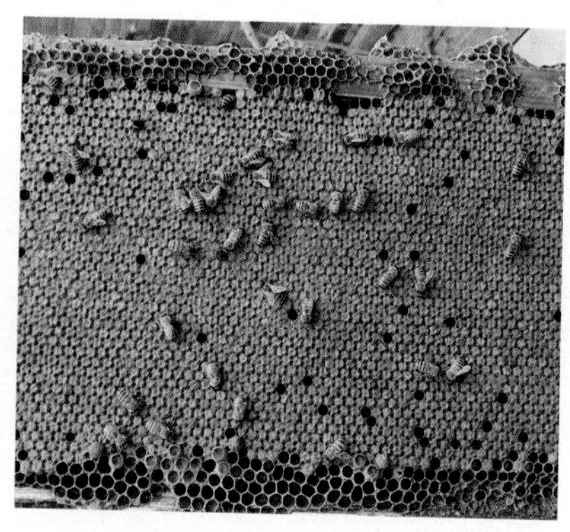

B

图 4–13　蜂群中的子脾

A 为不足一框（脾）蜂和子的巢脾；B 为一足框封盖子子脾（李建科　摄）

第七节　盗蜂的防治

窜到别的蜂群内盗窃贮蜜的飞翔蜂称为盗蜂。多由外界蜜源缺乏，或管理不当时引起。盗蜂一般发生在相邻蜂群之间，有时也发生在两个相邻蜂场，中蜂和意蜂之间也常会起盗，强群易盗弱群；有时也会发生整个蜂场各蜂群互盗。盗蜂攻击的蜂群，首先是防卫能力差的弱群、病群、失王群和交尾群。如不及时制止，盗者与被盗者相互撕咬，工蜂死亡严重，会导致全群覆灭和传播疾病。因此，防止盗蜂是蜂群管理最重要的环节之一。

一、盗蜂的识别

盗蜂多为老年蜂，体表绒毛较少，油亮而呈黑色，飞翔时躲躲闪闪，神态慌张，飞至被盗群的巢门前，不敢大胆面对守卫蜂，被守卫蜂抓住时试图挣脱。盗蜂出工早，收工晚。进巢前腹部较小，出巢时因盗足了蜜，腹部膨大，飞行较慢。如果见巢门前有三三两两的工蜂抱团撕咬，一些工蜂被咬死，肢体残缺，就是发生盗蜂（图 4–14）。

图 4–14　被盗群周围的盗蜂在蜂箱周围寻找缝隙伺机进入（李建科　摄）

二、盗蜂的预防

坚持常年饲养强群，选择蜜源丰富的场地，是预防盗蜂的关键。在蜜源接近尾期，应合并弱群、无王群，紧缩巢脾，留足饲料，缩小巢门，补好蜂箱的缝隙，断蜜期尽量不在白天开箱检查，不给蜂群饲喂气味浓的蜂蜜和用芳香药物治病、治螨。平时不要把巢脾、蜂蜡、花粉、蜂蜜放在室外，应严加保管，切忌把蜂蜜滴洒在蜂场内。缺蜜季节检查蜂群开箱时间不应太长（图 4–15），中蜂和意蜂不能同在一个蜂场饲养，意蜂场应离中蜂场 4 千米以外。

图 4–15　缺蜜季节覆盖和门留有缝隙引起的盗蜂（李建科　摄）

三、盗蜂的制止

一旦发生盗蜂，首先在被盗群的巢门前撒些白色的滑石粉或面粉，观察跟踪带白粉的工蜂去向，即可找到偷盗蜂。立即缩小被盗群的巢门，只让 1 只工蜂出入，并在巢门前放上卫生球，赶走盗蜂。如还不能制止，可关闭出盗群的巢门，捉走蜂王，造成不安而失去盗性。或将出盗群和被盗群的位置互换，让盗蜂盗到自己蜂群，或将被盗群搬到 4 千米之外，在原处放一空箱，让盗蜂无蜜可盗，空腹而归，失去盗性。如已发生全场蜂群大规模互盗，则应果断搬迁至有蜜源的地方。

第五章

蜂群复壮阶段管理

蜂群复壮是从小群发展壮大为强群的过程（图 5-1）。通常是北方的春繁和南方的越夏后繁殖。蜂群在外界气温合适、蜜源充足的条件下，就能不断地繁衍生息，维持群体强大，这是进行蜂王浆生产、蜂蜜生产和花粉生产等相关生产的基础和前提。如果蜂群不强大，开展任何生产都是纸上谈兵。根据蜜蜂生物学特点，在我国蜂群周年生活会表现不同的时期和阶段，这是因为西方蜜蜂巢外活动的安全临界温度为 11~14℃，中蜂为 10℃，巢内外生活最适温度为 20~25℃，巢内子脾发育最适巢温为 34.4℃等。我国地域辽阔、生态类型很多，

图 5-1　蜂群复壮过程

左侧为开始复壮阶段的小群，经过繁殖发展为右侧的具有生产力的大群（李建科　摄）

既有热带和亚热带气候的华南地区，又有气候严寒的华北、东北和西北地区，严冬和酷暑交替出现。离开蜜蜂生活适温太远，超出了蜜蜂自身的调节能力，在外界蜜源枯竭时，蜂群就会出现繁殖和非繁殖阶段。当外界较长时间满足不了蜜蜂生活所需的条件，蜂群就会被迫停止繁殖，以断子为主要特征的断子期来度过困难时期。在蜂群生活进入一个时期或跨越一个时期时，必然会表现各自不同的生物学特征，这种各具特色的生物学特征就形成了蜂群不同的发展阶段。

第一节　蜂群发展时期和阶段的划分

一、时期和阶段的划分

在蜂群周年发展过程中，我国绝大部分地区可分为繁殖期和断子期。在我国南方的一些地区，一年中还会两度出现复壮阶段，如广东、广西和海南等。

繁殖期：以蜜蜂生活最适气温的下界 20℃为基准，较此低 15℃或高 10℃的振幅范围内，也就是平均气温为 5~30℃，外界又有蜜粉源流蜜、散粉，蜂群就能正常繁殖，不断采集。蜂群处于这个阶段的即为繁殖期，又叫活动期。

断子期：当外界蜜粉源枯竭、气温下降，平均气温较长时间低于蜜蜂最适气温 15℃，即 5℃以下，蜂群就会终止繁殖，被迫进入低温断子期，常称越冬。当气温升高，在较长时间平均气温超过蜜蜂生活适温约 15℃，即 35℃以上，蜂群也会停止繁殖，被迫进入高温断子期，常称度夏或称越夏。

繁殖期和断子期是交替可逆的。当蜜源从有到无，气温距离蜜蜂生活适温过远，蜂群生活就会由繁殖期进入断子期。反之，当蜜源由无变有，气温向蜜蜂生活适温靠近，蜂群又会由断子期发展到繁

殖期。

繁殖期的蜂群，根据蜂群发展特点可分 3 个阶段。

复壮阶段：当处在断子期的蜂群，经过恢复繁殖后到蜂群发展强大时为止，这段时间叫作复壮阶段。根据饲养技术和气候条件通常需要 1.5~2 个月，时间一般出现在外界有较多蜜粉源开花前后。

强盛阶段：当蜂群经过复壮阶段恢复繁殖后，到保持强盛的这段时间叫作强盛阶段。持续时间根据我国不同气候类型差异很大，浙江、江苏、江西、湖北、四川等省长达 7~8 个月；河南、山东、北京、河北、山西、甘肃等省市大约 6 个月；辽宁、宁夏回族自治区、青海、新疆维吾尔自治区、内蒙古自治区部分地区约 5 个月；黑龙江、吉林和辽宁东北三省为 3 个月左右。

渐减阶段：原处在强盛阶段的蜂群，在气温变到离蜜蜂生活适温高 10℃或低 15℃上下，迫使蜂群减少或停止繁殖，直到新蜂全部出房为止，这段时间叫作渐减阶段，时间长约 3 个星期到 1 个半月。渐减阶段结束，蜂群又由繁殖期回到了断子期。

二、蜂群不同阶段的特点

复壮阶段所需时间长短一般为北方长，南方短；弱群长，强群短，老王、劣王长，新王、好王短。该阶段的发展有 3 个过程，从蜂王产卵开始到新蜂出房前为有育无羽过程，这时群内都是越冬老蜂，前 9 天是卵虫脾，后 12 天出现卵、虫、封盖子组成的混合子脾，由于此时外界气温低，往往没有蜜、粉源，此时保证第一批子脾发育健康并顺利羽化出房至关重要。从新蜂出房到越冬老蜂死尽为止的过程为新老交替。复壮起始阶段老蜂多于新蜂，此后新老蜂相当，最后新蜂全部替换老蜂。此时群内子脾除混合子脾外，还有单一的卵虫脾和封盖子脾。当群内子脾不断增加，新蜂陆续出房，为子、蜂增长过程。随着新蜂不断出房，蜜蜂平均寿命增长，群势开始恢复和上升，直到基本强盛时为止（图 5-2）。

处在复壮阶段的蜂群有 5 个显著特点。一是蜜蜂数量从多到少，再从少到多，新老更替过程的前、中期是全年蜜蜂最少的时期；二是工蜂由老变新，质量有所提高；三是蜜蜂与子脾比例，开始时蜂多于子，后来子超过蜂，最后又变成蜂多于子；四是子脾的数量基本是直线上升；五是后期出现雄蜂子脾或雄蜂。

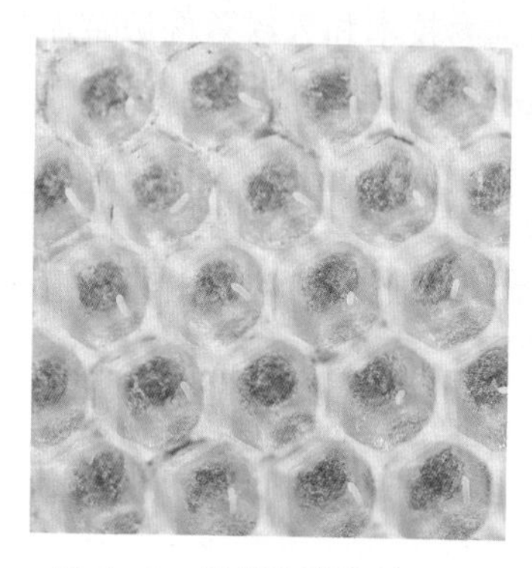

图 5-2　复壮阶段的前 9 天，蜂群只有卵和幼虫，没有封盖子（李建科　摄）

强盛阶段的蜂群特点是蜂王、雄蜂和工蜂共存，不同年龄段的工蜂齐全，数量至少在 3 万只以上（图 5-3）；蜂王日产卵量多数在千粒以上，单一子脾和混合子脾并存，卵虫和封盖子之比一般为 3∶4。强盛阶段的发展有两个过程，一是强盛蜂群的形成，紧随复壮阶段之后，巢内封盖子脾很多，大量封盖子出房，群势持续增强，达到强盛

图 5-3　强盛阶段的蜂群，雄蜂也在蜂王仪仗队里凑热闹，
强大的蜂群继箱多达 3~5 个（李建科　摄）

时期，这个时期蜂群容易产生分蜂意念和分蜂热。二是强盛蜂群的维持过程，该过程紧接强盛形成过程，持续时间长短不一，一般为2~8个月，群势基本保持稳定，只是在分蜂热、分蜂建立新分群、粉蜜短缺、病虫为害、长途运输、气候恶劣和农药中毒等因素的影响下会有波动。强盛阶段的最主要特点是群势强盛，是开展采蜜、脱粉、产浆、造脾、养王、分蜂等生产活动的主要阶段，所以强盛阶段又称生产阶段。生产阶段越长，养蜂收益越大。

蜂群处在渐减阶段有3个发展过程。一是产卵逐渐减少，该过程开始时，蜂王产卵积极，类似强盛阶段，后来蜂王腹部收缩，产卵减少，出房后的空房不再补产，蜂蜜开始往蜂巢中间搬移，此过程还有增加子脾数量的可能。二是停产有育过程，该过程是蜂王停止产卵以后的前9天（蜜蜂卵和幼虫共9天），巢内还有需要哺育的子脾，这个过程只能使子脾发育得更加健康，已失去增加子脾数量的可能。三是有羽无育过程，该过程共12天（蛹期发育12天后幼蜂出房），巢内没有哺育工作，出房新蜂生理上最为年青，经过排泄就可作为适龄越冬蜂进入越冬。如果采用人工扣王（把蜂王关在笼子里限产）进行断子，产卵渐减过程不到一天就已完成，实际上全阶段只有后两个过程。如果扣王时巢内卵虫脾多，对提高越冬蜂质量和增加越冬蜂数量都十分有利。

越冬阶段的气温，一般都比蜜蜂安全临界温度低，工蜂不能出巢活动，蜜蜂调温的趋势是升高巢温，蜂团中心温度始终保持在14℃以上，冬团外围巢温低，只有6~8℃，为免冻僵，团缘工蜂逐渐往团心运动，团心和团缘工蜂在缓慢地交换位置。蜜蜂以互相传递的方式取食。室外越冬的中午可以短时间出巢排泄，未经饲喂，蜂王不会产卵（图5–4）。

度夏阶段　度夏只出现在气温高又没有蜜、粉源的南方，度夏的蜜蜂，其机体代谢强度比越冬蜂大得多，所以南方养蜂难在度夏。度夏期巢温接近气温，调温趋势是降温，蜜蜂经常疏散到巢内空隙处，晚上常有大量工蜂爬出巢门聚在一起乘凉，巢内食料消耗较少，出巢

图 5-4　越冬阶段的蜂群与越冬蜂结团情况（李建科　摄）

飞翔不多。出现度夏阶段的地区，会形成两个繁殖期，结果强盛阶段很短，对增加生产不利，有条件的地区，应设法消除度夏。

第二节　复壮阶段的蜂群管理

复壮阶段蜂群管理的主要目的是尽量减少影响蜂群繁殖速度的内外因素，创造蜂群繁殖的有利条件，加速蜂群的繁殖速度，尽快把越冬或度夏消弱的蜂群恢复强大，提前进入强盛阶段，提早投入蜂产品生产，并争取在当地第一个主要蜜源流蜜之前进入强盛阶段，为充分利用当地蜜源资源创造条件。衡量复壮阶段蜂群管理水平的主要标准是在进入正常的复壮期后，3 脾起始繁殖，2 个月内工蜂的增殖倍数，一般认为增殖 2 倍偏慢，3 倍尚可，4 倍良好，5 倍很好。为达到良好和很好的目标，必须加强复壮阶段的蜂群管理。

一、蜂群复壮阶段的起始

依据气候和蜜源特点适时起动蜂群繁殖是复壮阶段的重要环节，也是确保繁殖速度的重要因素之一。根据我国养蜂生产和气候特点，大多复壮是越冬后复壮，大约起始时间：广东、广西壮族自治区、福

建12月下旬到翌年元月中旬，云南、贵州于元月上旬到2月上旬；长江中下游江北到黄河流域元月初到2月上中旬；北京、辽宁、青海、新疆维吾尔自治区、内蒙古自治区大部于3月上旬到下旬；黑龙江、内蒙古自治区和新疆维吾尔自治区北部3月下旬到4月上旬。

二、复壮阶段的持续时间

复壮阶段一般持续2个月，短的40~50天，长的3个多月。持续时间长短是衡量复壮繁殖是否成功的重要参数之一，原因是影响复壮持续时间的因素很多。

1. 起始繁殖时间

从自然温度许可时进入复壮阶段的时间始繁，复壮期较短。从自然温度许可进入复壮阶段时间之前始繁，复壮期较长，因为当时外界环境不利于繁殖，这不仅由于气温低，寒潮频繁，降温幅度大，而且外界开花的蜜粉源稀少。从自然温度许可进入复壮阶段时间之后的中期始繁，复壮期更短，因为这时气温明显升高，外界蜜粉源已有开花散粉、甚至流蜜，蜂王又得到较长时间休息，放王后恢复产卵快，蜂仔育成率高。

2. 始繁时群势

起始繁殖群势随始繁群势增强而缩短，因为决定繁殖速度的主要因素有两个，一是蜂王的产卵力，二是工蜂的哺育力。如蜂群强，哺育力能得到保障，这样决定繁殖速度的主要因素只有蜂王的产卵力了。图5-5为北京市房山区一蜂农2月初的蜂群情况，由于蜂螨控制措施得当，多年蜂群春繁前都能保证在6~8脾足蜂。这样的蜂王春繁一切都变

图5-5　北京市房山区蜂农多年越冬后2月初的蜂群情况（李建科　摄）

得简单，只提供充足的饲料即可，其他措施都可以忽略。即使一分为二，一个半月也能发展壮大。

3. 饲养的蜂种

蜂种不同，繁殖速度和复壮阶段持续时间都不同。西方蜜蜂的繁殖速度大多比东方蜜蜂快，所需复壮的持续时间也短。在西方蜜蜂中，意大利亚种的各个地理品种，如意大利的意大利蜂、美国意大利蜂、澳大利亚意大利蜂等地理品种的繁殖速度都比其他亚种快。西方蜜蜂的喀尼阿兰蜂、卡尔巴阡蜂，灰色高加索蜂在外界有蜜粉源时繁殖速度也较快。

4. 蜂王优劣

蜂王生理状态与蜂群繁殖速度直接相关，年轻善产蜂王的蜂群较同等群势老蜂王的蜂群繁殖快，甚至比群势更强的蜂群快，最后群势后来居上，持续时间更短。如果蜂王腹部发育良好，产卵量大，且子脾发育正常，复壮时间就短（图 5-6）。

A

B

图 5-6　复壮阶段产卵的蜂王和发育健康的子脾（李建科　摄）

5. 饲养方法

巢内饲料适量，奖饲糖浆数适中、浓度适宜，饲喂成熟蜜脾，保温因群因时制宜也是加速繁殖的重要措施。实践证明饲喂成熟蜜脾简单省事，蜜蜂不易下痢，哺育子脾健康（图 5-7AB）。饲喂天然花粉的繁殖效果要优于其他代用品，尤其是在孵化第一代子的时期（图 5-7A、B）。

A

B

C

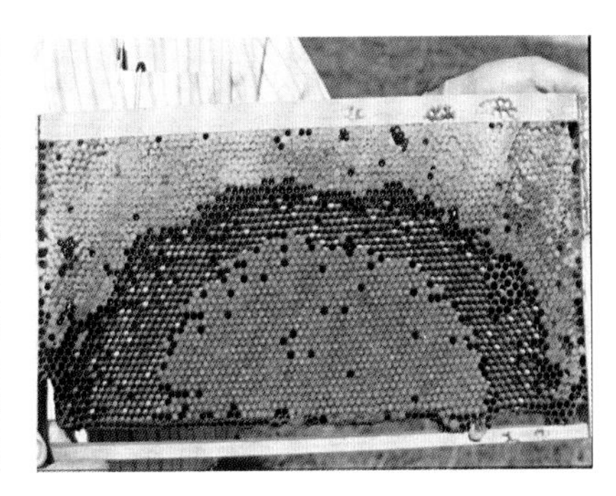

D

图 5-7　复壮阶段饲喂蜜脾和天然花粉

A 为饲喂成熟蜜脾；B 饲喂成熟蜜脾后子脾的发育情况；C 为饲喂天然花粉；D 为饲喂天然花粉后子脾的发育情况（A、B、D 李建科　摄）

三、复壮阶段的蜂群管理

1. 繁殖前的准备

复壮阶段场地选择的依据为：一是要有较早的蜜粉源开花流蜜，如早油菜、早蚕豆、蒲公英、柳树、婆婆娘、野桂花、山茶花等，尤其是粉源。有了丰富的蜜粉源，不但可以节约饲料，而且还能提高蜂群繁殖情绪，减少盗蜂和疾病的发生，是加速蜂群复壮的重要条件。二是放置蜂箱场所的小气候环境，温暖、高燥、向阳、避风的地方适宜春繁。一般要选择北面有遮挡物（如小山或矮墙等自然屏障）的地方放蜂可以挡风，没有自然屏障也可编织草帘置于蜂箱后侧，阻挡北风直吹蜂箱，以提高蜂箱周围小气候的气温。三是蜂箱前面应宽敞，有利于蜜蜂飞翔和阳光直射。四是放蜂场应在环境幽静、人畜稀少的地方。

2. 确定始繁时间

自然情况下，始繁时间闽、粤、滇于元旦前后；湘、黔、川于元月中旬前后；黄淮流域于 2 月中旬；赣、浙南、皖南于元月下旬，东北于 3 月下旬。一般以当地的第一个主要蜜源开花流蜜前的 45~60 天为宜。由于养蜂技术的进步，在无花期人工饲喂花粉举措已得广泛应用；蜂王浆生产已成为养蜂的主要经济来源，且非大流蜜期也能生产。因此，提早养成强群显得非常必要，而且已具备较好的条件，所以始繁的时间可以适当提前。具体的时间要根据蜂群的群势决定。一般认为 4 脾以上的蜂群可以在大寒和立春之间开始，不到 1~2 脾的蜂群可提早到小寒到大寒之间。由于这段时间正值一年中最寒冷的时节，繁殖中务必注意饲料的质量、保温程度和预防疾病，否则提早繁殖的优势就难以充分发挥。纬度偏高的地区不但始繁推迟，而且群势需要更强，对饲料的质量要求更高。但对解决长期低温阴雨工蜂不能出巢排泄难题比江浙一带等阴雨多的地区容易，所以提早繁殖的条件北方比江浙一带更好。

3. 调整群势

蜜蜂经过越冬，对蜂群原在方位记忆，有的已经淡薄，有的已全部忘却，进入复壮阶段前夕是调整群势的好机会。调整工作应在奖饲之前或出越冬暗室以后，尚未认巢飞翔前进行。对群势较强的蜂场可免去这一步，对群势较弱且强弱相差又很悬殊的蜂群，必须进行调整。

4. 及时治螨

蜂王产卵以后 9 天，就会出现封盖子脾，治螨工作必须在子脾封盖前结束。由于这是一年中最早的一期治螨，作用很大，杀死一只螨，相当于 4 个月后的几百只螨。

四、繁殖蜂群的组织

1. 确定繁殖方案

多年来蜂业工作者认为双王繁殖速度比单王快，因此双王繁殖单王生产的模式已运行较久。起始繁殖时目前大多采用单脾繁殖，这样蜂王产子集中，蜜蜂高度密集，保温性能好，不容易发生盗蜂；同时可以根据巢内需要及时加脾，缺粉的加粉脾、缺产卵巢房加空脾，这样蜜蜂取食方便、营养充足、子脾和出房新蜂比较健壮。但是欧美则采取与我们完全相反的繁殖方式，也同样取得很好效果，它们在加脾时一次给每个蜂箱加 10 个，在保证营养充足的基础上也取得很好繁殖效果。

2. 密集群势

选择当天最高气温能达 13℃以上的午前，把应该紧出的巢脾上的蜜蜂抖落在箱底，让它爬到留着的巢脾上去。留下的巢脾应该没有雄蜂房，育过 3~10 代蜂儿，边角可有点蜜的实心人工花粉脾。通过密集群势，从一群蜂的整体看，脾数减少，但从一张脾的局部看，却是蜜蜂密集，子脾集中，有利于保温和哺育。

五、加速繁殖的蜂群管理

1. 奖饲糖浆

在提早繁殖或外界缺少蜜源条件下，奖饲糖浆在密集群势的当天傍晚就应进行，奖饲的目的是促使蜂群的兴奋。待煮沸的糖浆温度下降到 40℃时，就可用壶饲喂，每框足蜂喂糖浆 0.1 千克；先滴少量于蜂团上部的上梁上，再把其余糖浆灌入饲喂器内，为了避免蜜蜂在糖浆里溺死，可在饲喂器里放些稻草、麦秆等救命草。糖浆的浓度是糖水比为 2∶1，蜜水比为 3∶2，每天或隔天 1 次。也可以直接在隔板外加封盖蜜脾，让蜜蜂自动根据需求取食。

2. 做好内外保温

蜜蜂育儿需要 34.4℃的巢温，而复壮阶段初期的外界气温常在 0℃左右，为便于蜂群保持恒温，一方面密集群势，另一方面利用保温物保温。但是如果起始群势 5 脾以上不保温或简单保温即可。

3. 坚持巢边喂水

复壮阶段气温低，寒潮期间工蜂无法出巢采集，喂水工作和喂糖同样重要。喂的水要清洁，喂水方式有多种多样。有巢门喂水、箱内喂水以及地面喂水，也就是在地面上挖一个坑，铺上干净不漏水的塑料薄膜，然后再填上干净的沙子或石子，倒入水后蜜蜂就可以采集。喂水对水源缺乏的地区极为重要，比如在澳大利亚沙漠地区养蜂，每天要开车给蜜蜂送水，倒在沙坑里让蜜蜂采集（图 5-8）。

A

B

C

图 5-8　蜂群喂水的几种方式

A 巢门口喂水；B 箱内饲喂器喂水；C 澳大利亚运水车给沙漠地区蜂群送水（李建科　摄）

4. 适当扩大子圈

刚开始繁殖时，由于只有 1 个巢脾，为了不发生蜜、卵争脾，脾内储蜜、存粉不要过多，并且要适时加脾。发生蜜压脾时，子圈扩展不开，可把加高的房壁和封盖蜜割去，喷上清水，旁边加一空脾，让蜜蜂搬到新加的空脾里，使原脾的子圈扩大。蜜蜂密集的可以加半巢脾或新脾，甚至巢础框造脾，让蜂王在新脾上产卵（图 5-9）。

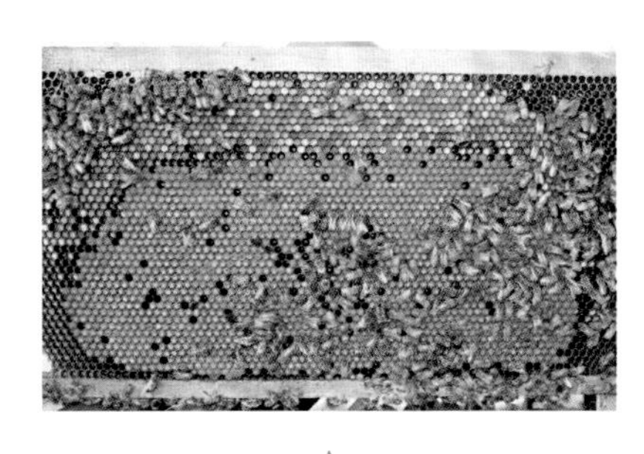

A

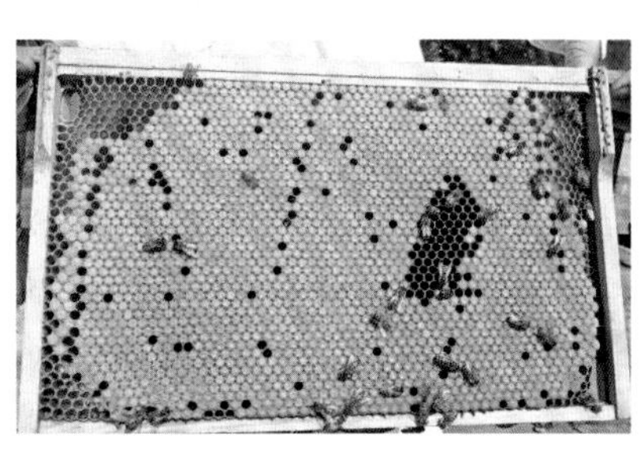

B

图 5-9　两种不同的子脾面积

A 出现花粉挤压子脾面积；B 很好的子脾（李建科　摄）

5. 强弱互补（图 5-10）

群势调整后 1 个月左右，蜂群进入新老更替过程，由于各群蜜蜂生死比例和蜂王产卵量不一，就会出现有的蜂群子多蜂少或蜂多子少

图 5-10　同时开始繁殖但群势差异悬殊的蜂群要进行强弱互补（李建科　摄）

现象。这时就打破群界，把子多蜂少群的卵虫脾脱蜂后，加入蜂多子少的蜂群去哺育；也可把蜂少子多群的卵虫脾和蜂多子少蜂群正在出房的大封盖子脾对调，以加强子多蜂少群的群势。

6. 饲喂花粉

图 5-11 人工制作花粉脾

喂粉工作在紧框时就已开始，留在群内的底脾应有 0.5 框左右的花粉，供本群部分幼虫取食。为满足子脾的幼虫营养需要，第一次加的脾上应有 0.2~0.5 框花粉，一般天然花粉脾为最好，如没有也可以人工制作花粉脾（图 5-11），但花粉最好是天然的。

7. 加巢础框造脾

在外界蜜源开花流蜜，发生蜜压脾时，可加巢础框造脾，这时群内蜂王也喜欢在新脾上产卵，而工蜂又不愿意往新脾储粉装蜜，所以不但造脾快，雄蜂房少，而且子圈面积大，是解决蜜卵争脾矛盾的好办法（图 5-12）。加脾的位置一般在边二和边三之间，群弱脾紧的也可以在边一和边二之间。每一次造脾 1 张，第二次造脾必须在前脾造

图 5-12 新造巢脾（李建科 摄）

好或产上卵后再加。

8. 培育新王

本阶段开始时群势强，没有双王群或双王群少，要提早育王。这些王主要用于调换复壮阶段出现的劣王和强盛阶段初期的解除分蜂热。用于大量分蜂、换王和组织双王群的新王，应在强盛阶段培育。由于这一阶段蜂群的蜂王都是上年留下来的，结果繁殖后有的会出现产卵不好，如花子、子脾不连片、面积小等情况，要及时更换蜂王（图 5-13）。

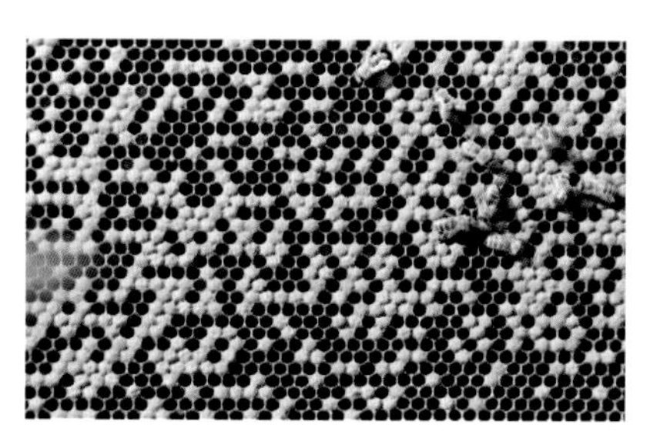

图 5-13 左图为面积大且连续性好的子脾，右图相反（李建科 摄）

9. 添加继箱

复壮阶段，要求在第一个主要蜜源到来前 10 天到半个月结束，加上继箱，进入强盛阶段。一般当蜂群达到 8~9 脾足蜂，覆盖上有蜜蜂集结就可以添加继箱。由于此时气温尚不稳定，提到继箱的子脾应为即将出房的封盖子，未封盖幼虫脾留在巢箱（图 5-14）。

图 5-14 复壮阶段末期强壮起来的蜂群（李建科 摄）

第三节　预防蜂群发生春衰和快速增殖蜂群

一、无病先防有病早治

从冬季开始的复壮阶段，有育无羽过程的气温很低，又没有蜜、粉进巢；新老更替过程，虽然气温有所回升，但仍处在低温季节，同样没有蜜源，寒潮频繁，阴雨天多，蜜蜂密度下降，哺育任务加重，极易发生欧洲幼虫腐臭病、美洲幼虫腐臭病、囊状幼虫病等幼虫病和孢子虫病、麻痹病、副伤寒病等成年蜂病。

如果蜂场环境优越，没有发病史，周围也无病蜂场，只要注意蜂场卫生，可免药物预防工作，以免破坏蜜蜂肠道的正常微生物系统，减低抗病能力。环境条件一般，过去有过发病史的蜂场，容易发病的季节，对易发的常见病和原先发生过的疾病，在生产季节到来前，应进行针对性的药物预防，一般用药2~3次，每次间隔2~3天，结合奖励饲养进行。用药量比治疗量要低，在预防疾病上有积极作用。此外日常工作和蜂群检查时，要留意巢内外情况，发现花子脾，失去光泽的幼虫和异常的工蜂，都要及时进行检查，寻找病因。如是病原体引起的，都要贯彻治早、治少的方针，尽快进行治疗，对未发病的蜂群也要进行全面预防，以免蔓延扩大，造成严重损失。

二、处理好蜂脾关系

蜂脾关系是蜜蜂在巢脾上栖附的密度。一张脾上爬满蜜蜂，看不见巢房，又不重叠，称作蜂脾相称，大约有（空腹）工蜂3 500只，每个脾上栖附的工蜂超过3 500只的为蜂多于脾，不到3 500只的称蜂少于脾。

复壮阶段开始，经过密集群势处理，蜂群多处于蜂多于脾状态，这为日后的保温，加脾饲喂等许多工作赢得了主动，也为防止春衰奠定了基础。但是蜂脾关系并不是一成不变的，相反地，由于各个过程的推移和饲养管理措施的实施，蜂脾关系都有很大变化，管理中必须根据要求掌握好分寸。有育无羽过程前期，一定要保持蜂多于脾。该过程后期，通过加脾，使其变成蜂脾相称。这样做，既有利于保温，又不致造成产卵受限。新老更替过程前期，随着巢脾增加，子圈扩大，蜂脾关系由蜂脾相称逐步变成蜂少于脾；该过程中、后期，由于新蜂比例增大，哺育能力增强，外界气温回升，相应加脾速度加快，蜂脾关系始终处在蜂少于脾的状态，每脾附蜂2 000~3 000只。

三、因时伸缩蜂路

蜂路在蜂群生活中作用很大，在复壮阶段管理中应随时调整。复壮阶段蜂路变动的要求是由宽到窄再到宽。也就是在复壮阶段初期由于蜜蜂经紧脾后每个巢脾上的数量增加，蜂路应加宽一些；随着温度上升，子脾不断增加和老蜂的不断死去，蜂路应逐渐变窄一些；随着新蜂的不断出房，群势不断上升，蜂路可宽一些。

四、过好长期低温阴雨关

这是我国长江以南，南岭以北和长江沿江地区特有的一种蜂群管理，是复壮阶段最难处理的技术。在连绵阴雨前添加整张的花粉脾；并且喂足温浓的蜂蜜糖浆；同时坚持每天喂水，使蜂养成巢边吸水习惯，以减少弃子损失。连绵阴雨前，蜂脾相称的蜂群，不具备加粉脾的条件，可以把花粉做成花粉饼或花粉条，放在巢框上梁饲喂，在低温阴雨中途还应补喂一两次，保证花粉不致短缺。

五、快速增殖蜂群

快速增殖蜂群是根据中、小蜂群具有单位蜜蜂繁殖速度快的群体生物学特性，并根据这一原理在复壮阶段和其他蜜蜂活动季节实施快速增殖的方案和过程。在复壮阶段快速增殖蜂群的具体途径主要可通过如下3条来实施：一是提前到广东、福建等地繁殖复壮；二是在浙江、江苏、湖北等全国各地当地适当提前繁殖，提前进入复壮阶段，在条件比自然进入复壮阶段前后开始繁殖较差的情况下，又要尽力缩短复壮阶段；三是蜂群复壮后，离第一个主要蜜源流蜜还有一段时间的前提下，采用早养王、早分蜂和多养王、多分蜂的方法增殖。暮春、夏季和秋季的活动期的强盛阶段增殖蜂群，也可用复壮阶段途径进行，但和复壮阶段比较，老王未经休息，产卵积极性较差，但新王有产卵积极性高的特点，可以酌情利用，具体实施一般可采用两种办法。

蜂箱、巢脾、饲料和资金欠足的做法：把蜂群分成分蜂组和供应组两个组。两组群数相近，分蜂组要不断组织交尾群，新王产卵后，一方面把原群用两分法分蜂，新分群诱入一新王；另一方面把提走新王的交尾群合成分蜂群；分蜂群达到 6~7 个脾时，抓紧产蜜、造脾、产浆和分蜂。供应组在保持原群强盛的前提下，一方面可抽出一些封盖子脾去补助新分群；另一方面在高产稳产蜜源流蜜前 10 余天，可抽取分蜂组部分封盖子脾来加强供应组，或者去加强部分新分群，使其成为生产群，以扩大供应组的力量。以便更好地为分蜂组多造脾、多育台去支持分蜂组。花期结束后，又要化整为零，去补助分蜂组群势，也可自身自行分蜂，加强和充实分蜂组力量，以加快增殖速度。

蜂箱、巢脾、饲料和资金较足的做法：除留 4~5 箱种用蜂群培育雄蜂和育台外，其余蜂群都用于连续分蜂，方法和前述的分蜂组同，并及时添加巢脾，补足食料，种用群要不断培育雄蜂和王台，以满足不时分拔交尾群，补台的需要。

快速增殖过程中，小群不会发生分蜂热，产卵范围小，速度快，蜂螨寄生率下降，为害减轻，强群有大量的卵虫脾可补，有分蜂热也易解除。在蜜源良好的条件下，一年一个越冬原群可以增殖十几倍，即变成十余箱是完全可能的。本方法可用于要扩场的蜂场或用于垮台后蜂场的恢复。

第六章 蜂群强盛阶段管理

我国地域辽阔、生态类型和地理纬度差异甚大，因此，我国蜂群全年的管理也存在显著地区差异。北方地区的隆冬却是广东、广西等华南的冬蜜生产季节。云南、四川等地一年中几乎没有断子期，然而在福建、广东、广西壮族自治区和海南等地区一年中还会出现两个断子期和两个活动期，出现两个活动期持续时间很短，因此，强盛阶段的持续时间差异甚大。长江以南可达 7~8 个月以上，从春季的 3 月到冬季的 11 月，贯穿春、夏、秋、冬四季，长江以北黄河以南的河南、河北、湖北和山东等地，大约 6 个月，黄河以北的华北、内蒙古自治区、宁夏回族自治区、青海、新疆维吾尔自治区等地大约 5 个月，东北三省 3~4 个月。具体的持续时间因具体地理位置差异会有一些不同。这阶段的主要任务是千方百计维持强群（图 6-1）；同时争取在流蜜期获得蜜、浆、蜡等各种产品高产，提高经济效益；在非流蜜期继

图 6-1　强壮的蜂群

A 我国典型的 2 层强群；B 美国多箱体强群（李建科　摄）

续开展蜂王浆、花粉、蜂毒等产品的生产，尽可能增加养蜂收入。国外强群通常能达到4~5个继箱。

第一节　强群的形成

一、由弱群繁殖而成

由弱群繁殖而成的强群有三种方式：越冬后复壮阶段繁殖而成，夏后复壮阶段繁殖而成和新分群繁殖而成。通过冬后繁殖复壮这种方式进入蜂群强盛阶段的蜂群比例最大，在80%以上。由于蜂群出现度夏在我国并不普遍，主要出现于低纬的无蜜源高温区，因此，由夏后培养成的蜂群强盛阶段较少，主要出现在华南和海南等地，而且时间较短，生产力较低。由新分群繁殖成的强盛蜂群，主要出现在北方部分主要蜜源在秋季的地区，采取早养王、早分蜂，把新分群培养成强群，其目的是集中兵力去主攻主要大宗蜜源，以期取得较高的经济收入。

二、集中子脾拼蜂组织而成

这一方法较为普遍，主要用在复壮阶段后期，大宗蜜源将要开花流蜜，而群势却达不到强盛阶段的标准，就从不同蜂群集中封盖子、并进行合拼成年蜂等手段使部分蜂群变成强群而进入强盛阶段。转地饲养的蜂场，在出运前，把过强的蜂群过多的封盖子脾，从各群抽调到几群内，加上继箱，子脾出房后，就成了标准的强群，用这种方法使部分蜂群进入强盛阶段，不但增加了生产群，而且也易防止蜂群运输途中闷死。

第二节　维持强群的关键技术

强盛阶段是实现蜂产品高效生产的关键阶段，采取一切必要的管理措施维持强群，要长期维持强群，主要应抓好增加蜜蜂数量和提高蜜蜂质量两个方面。具体可以从下述几个方面着手。

一、更换劣王

优质蜂王是饲养强群和维持强群的主要措施，尤其是单王群，蜂群内的所有工蜂都是蜂王产的，如果产卵量不足，培育出来的工蜂不多，群势由于死多生少，就会不断下降，难以培育强群和维持强群。

在日常蜂群管理中，由于强群本身蜜蜂数量很多，优良的蜂王，完全可以发挥产卵力。如在良好的蜜源条件下，发现产卵量少，除非发生分蜂热，不论是新王、老王，都是不理想的，要及时更换。如果发现一房产数卵，或者产卵脱空，有的巢房有卵，有的巢房没有，不是连成一片的或者把卵产在房壁上的都是不正常现象，应及时更新蜂王（图 6–2）。

A

B

图 6–2　翅膀残缺的老王（A）和一房产数卵（B）（李建科　摄）

二、维持较多的子脾

蜂群子脾数量类似人类的幼儿园，后代多蜂群才会强大。蜂群有了优良蜂王，也饲养了一定量的双王群，不等于蜂群里就有较多的子脾。在子多工好的基础上，要增加群内子脾，还要做好蜂群的调整工作，把可以产卵的巢脾及时调到产卵区，让蜂王产卵；发生蜜压脾时要用巢础框或新脾放到产卵区让蜂王产卵；群势强、蜜粉足时，还要加强通风等措施，防止分蜂热产生，一旦发生就必须及时解除。蜂王老劣，必须及时更换好王，以刚产卵的新蜂王为好。外界温度过高、蜜粉源缺乏等环境条件较差时，应设法人为创造条件，促进蜂王产卵，以达到有较多的子脾。经过上述各种方法的努力，子脾仍然不多，如果不是群势基础过弱，可以从副群或双王群里抽调卵虫脾补充，使一个强群能始终保持 5~7 框足子，一般就能保住强群（图 6–3）。

图 6–3　强盛阶段蜂群中的大量封盖子脾（李建科　摄）

三、保持食物充足

强大的蜂群都要消耗大量的蜂蜜和花粉等食物。成年蜂，尤其是刚出房的新蜂以及幼虫，都要消耗很多食料。在流蜜期，这些所消耗的食料都在取蜜量里抵消了，大都忽略不计。但是，在非流蜜期饲料消耗较多，必须及时补充。饲料不足，会影响蜂王产卵积极性、幼虫的健康发育和工蜂的寿命。

强壮的蜂群至少应有 1 个以上蜜脾的储蜜，1 足框以上的花粉。双王群子多的还要更多一些，达不到上述数字，表明饲料不足，必须及时补喂。奖励饲养也应在保证上述食料储存的基础上进行。

四、加强防病治螨

强盛阶段，虽然抗病力增强了，但仍然需要贯彻防重于治的策略。该阶段的常见病有美洲幼虫腐臭病、孢子虫病、白垩病、麻痹病等。中蜂还易发生囊状幼虫病。同时对蜂螨要时刻关注寄生率，巢房寄生率和成蜂寄生率高的都要提前防治。这里重点介绍 3 种疾病的预防和治疗。第一，巢虫，也叫蜡螟，为害的主要特点是已经封盖的子脾形成白头蛹，白头蛹封盖子呈线状，巢虫通常就在封盖子的蜡盖下爬行。如果少量巢虫发生，可把子脾放在阳光下，巢虫就会主动爬出来；也可以沿着巢虫为害的路线用小镊子顺着路线找。管理上主要把箱底清理干净，不让蜡屑在箱底存留。严重时可用药物治疗。第二，中蜂囊状幼虫病是中蜂的癌症，其严重性有目共睹。中囊病是病毒病，虽然介绍有很多经验和管理措施，但都收效甚微。解决中囊病的关键是要培育抗病蜂种，简单的做法是当患病蜂群大量死去以后剩下的即为抗病群，用这些蜂群培育蜂王会提高蜂群的抗病力。同时国内最近几年也研发了以干扰素为原理的治疗药物，治疗效果良好。第三，蜂螨是西方蜜蜂的癌症，由于其产生抗药性很快，所以药物治疗效果受到一定考验。我国目前普遍使用的抗螨药物如螨朴等在欧洲 10 多年前已忌用，欧美现在普遍采用甲酸、乙酸作为化学治疗。同时抗螨蜜蜂选育也起到一定效果。但是近年来利用每箱一个雄蜂脾集中诱杀蜂螨逐渐得到重视和应用。要想彻底控制蜂螨必须在断子期进行预防治疗，因此，越冬前和春繁前的治疗极为重要（图 6-4）。

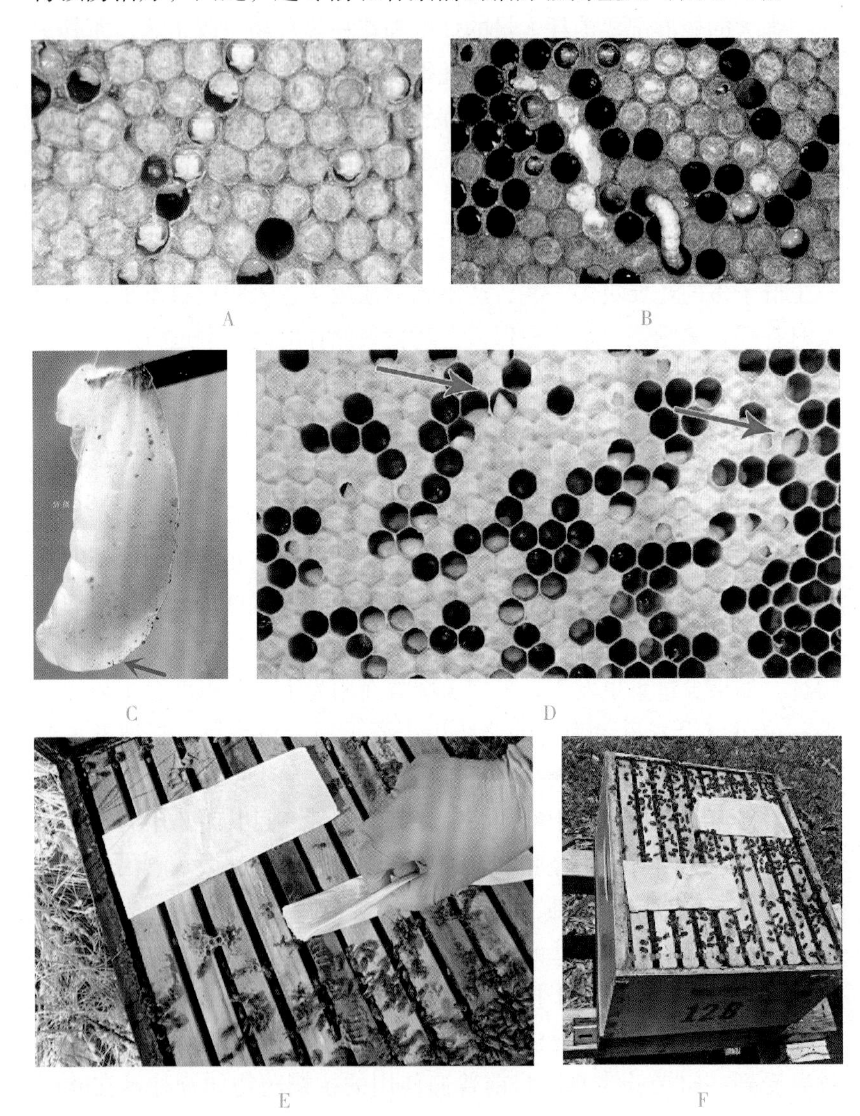

图 6-4　蜜蜂主要病虫害的症状及防治

A、B 为巢虫为害蜜蜂典型症状；C、D 为中蜂囊状幼虫病的典型症状；E 为甲酸治疗蜂螨；F 甲酸治疗蜂螨结合雄蜂脾诱杀，图中绿色为雄蜂脾

五、加强蜂群管理

蜂群的强弱取决于出房的工蜂数量和工蜂的寿命，要维持强群不但要增加出房的工蜂数量，而且要设法延长工蜂寿命。如果工蜂的寿命都是 42 天，每天平均出房 500 只工蜂，群势应是 2.1 万；每天出房 1 000 只工蜂，群势约为 4.2 万；每天出房 1 500 只工蜂，群势可达 6.3 万。如果出房的工蜂每天为 1 000 只不变，群势就依赖于工蜂寿命了，工蜂寿命 21 天，群势为 2.1 万，寿命 42 天，群势即达 4.2 万，寿命长达 63 天，群势也能达到 6.3 万。所以必须加强科学管理，根据蜜蜂的生物学习性，蜂群需要什就提供什么，做到人不离蜂，蜂不离花，尽可能增加出房工蜂数和延长工蜂寿命，这是科学管理的根据和出发点，也是维持强群的关键。

第三节　分蜂热预防和控制关键技术

一、分蜂热的预防

蜂群分蜂的主要因素有两个，一是蜂群强壮，二是外界外环境温度高。其中最主要的是群势强大引起蜂群内泌浆工蜂剧增，蜂王物质对工蜂行为控制失去平衡，工蜂方面处于优势，以及其他巢内外环境条件影响而引起的。

预防分蜂热的发生可采取如下措施：第一，要饲养分蜂习性弱、容易维持强群的蜂种。第二，要提高蜂王质量，使用优良的年轻蜂王。第三，可抽出强群内过多的封盖子脾，使其保持 5 足框左右，同时加回空脾，巢箱保持 7~8 个巢脾，满足蜂王最大产卵量的需要；或者调进卵脾，增加群内哺育负担。第四，在流蜜期应不失时机地加新巢础造新脾，有条件的长期开展蜂王浆生产，充分利用泌浆潜力，增加工蜂的工作负担。第五，给蜂群创造适宜的生存环境。炎热地区的炎热季节开大巢门和折起草帘一角加强通风；蜂箱上面搭棚遮阴，或把蜂群放到竹园、树荫下，坚持给场地和箱壁喷洒凉水，以降低小气候的气温。适当增加蜂巢内的空间，防止蜜蜂过分拥挤，保持蜂脾相称状态。第六，在分蜂季节每隔 6 天检查一次蜂群，及时破坏所有王台，约隔 12 天割雄蜂一次，防止大量雄蜂出房，尽力杜绝发生分蜂热的基础，以防出现分蜂热。通过上述努力无效或其他原因造成分蜂热的出现，必须及时解除（图 6–5）。

A

B

图 6–5　预防分蜂热的措施

A 加巢础造新脾增加工作负担；B 为蜂箱遮阴（李建科　摄）

二、解除分蜂热关键技术

解除分蜂热就是采用适当管理措施铲除引起蜂群发生分蜂热的因素。根据蜜源条件和群势强弱，酌情处理产生分蜂热的蜂群，使其恢复常态，不再发生分蜂热。解除分蜂热可采取如下方法。

1. 加卵虫脾

把产生分蜂热蜂群的封盖子脾全部抽出，留下卵虫脾。同时从新分群、交尾群或其他卵虫多的弱群，抽来卵虫脾加给蜂群哺育，使每框足蜂负担一框卵虫脾，加重工蜂哺育负担，增加蜂王浆消耗，以解除分蜂情绪（图 6-6）。

图 6-6 加卵虫脾增加工蜂哺育负担，解除分蜂热（李建科 摄）

2. 扩大蜂巢

先把继箱搬下，把巢箱里的王台全部破坏，再加上一个放有几个空脾和巢础框的继箱，再盖上隔王栅，隔王栅上叠回原来的继箱。使原蜂巢分成上下两层，容积扩大很多，并为蜂王上中间继箱产卵创造

图 6-7 给强壮的蜂群加继箱增加空间（李建科 摄）

了条件，极易把分蜂热解除（图 6-7）。

图 6-8　模拟分蜂（李建科　摄）

3. 模拟分蜂

把放有空脾的一套蜂箱放于有分蜂热蜂群的位置，距起落板前 3 米左右地方放一块副盖，并使起落板一头翘起。把该群的蜜蜂全部抖在巢前的副盖上，让它们爬入准备好的蜂箱内。把卵虫脾上的王台破坏后放回原群，其余子封盖子脾寄存它群（图 6-8）。

4. 调入空脾

在流蜜开始时，可把分蜂热严重的蜂群的全部子脾提出，换入空脾。使蜂群感到后继无蜂，不再具备分蜂条件。再加上流蜜日趋汹涌，促使蜜蜂采蜜本能增强，就会解除或减弱分蜂情绪。

5. 提出蜂王

分蜂热高峰期，破坏王台已无济于事，可把蜂王和 2 个正在出房的封盖子脾提出，放入一个平箱里，摆于原群箱盖上或蜂箱边上，几天后蜂王腹部放大，产卵恢复到原来的积极状态，这时再把原群的王台全部破坏，过后并入原群。

6. 对调箱位

在流蜜期，把闹分蜂热群的王台全部破坏，并于当日工蜂出巢采蜜的高峰期，与没有分蜂热的新王弱群对调箱位，然后再给弱群补些空脾。闹分蜂热的蜂群，由于失去了大量的工作蜂，分蜂热一般就能解除（图 6-9）。

图 6-9　对调箱位解除分蜂热（李建科　摄）

第七章 渐减和越冬阶段蜂群管理

第一节 培育越冬蜂关键技术

渐减阶段一般和当地最后开花的重要蜜粉源相吻合，如荞麦、胡枝子、瓦松、向日葵、一枝黄花、枇杷、茶叶花等，我国大部分地区出现于秋季。长江沿江及以南，一般在10月以后；黄河沿江和长江之间一般在9—10月；华北、北京、西北大部是8—9月；东北三省一般在8月。本阶段需要21天到1个多月，一般以21天为好，但必须在群内有较多子脾时关王，因为这些子脾在21天内全部出房，从此不要哺育，且巢温可以下降到14℃，不要为维持育儿恒温耗蜜伤蜂。本阶段的任务是为蜂群越冬和复壮阶段，培育数量多、质量好的越冬蜂；储足越冬食料，为安全越冬做好准备。

本阶段的工作重心，已由强盛阶段的生产为主转移到繁殖为主。为了能培育出数量多、质量好的越冬蜂，可以停止蜂王浆生产，运用复壮阶段管理的某些措施去实施本阶段的奋斗目标。适龄越冬蜂是出房后经排泄又未参加哺育和采集工作的蜜蜂。根据这一要求，在管理上必须采取相应的有效措施。

一、选择场地

培育越冬蜂的场地，周围应有蜜、粉源流蜜散粉。没有蜜源，起码应有粉源。即使蜜、粉源都没有，要培育越冬蜂，巢内必须要有充足的蜜粉。摆放蜂群的场地，要求高燥、避风、向阳或半阴半阳，不宜放在全阴的地方（图 7–1）。

图 7–1　培育越冬蜂场地周围应有蜜、粉源植物（李建科　摄）

二、防治蜂螨

本阶段初期的蜜蜂，是越冬蜂的保姆蜂，其身上的蜂螨必然要转寄越冬蜂，所以必须及时防治，使其寄生率降至最低水平。如果治螨影响了工蜂寿命，这些工蜂则并非越冬蜂；而蜂螨少了，更易使正在培育的越冬蜂发育健全，寿命增长。防治蜂螨应在本阶段初和强盛阶段末进行（图 7-2）。

图 7-2　利用换王断子期防治蜂螨
（李建科　摄）

三、平均群势

真正的适龄越冬蜂是最后出房的 4~5 张子脾。这些子脾，中等群就能培育，而且在蜂脾相称的情况下，子脾发育健壮。一个强大的继箱群，可以有很多子脾，但是先出房的子脾，5~6 天后就参加后来子脾的哺育工作，所以就不是适龄越冬蜂。因此，培育越冬蜂时，可把继箱群拆成两个平箱，无王的平箱诱入一只蜂王，也可把满箱的平箱抽出 2~3 张封盖子脾，用于组织新分群，留下 6~7 个脾投入繁殖。通过平均群势，由两群一只蜂王拥有 6~7 个脾的蜂群投入繁殖，比一个继箱大群投入繁殖所育出的越冬蜂总和要多。为了满足平均群势需要，

图 7-3　平均群势繁殖越冬蜂

蜂王要提早培养，老王也可先用一下，直到越冬时再淘汰（图 7-3）。

四、紧框奖饲

繁殖开始时，抽出部分巢脾，留下 1~3 张提供蜂王产卵的空脾，保持蜂多于脾的状态。同时用稀薄糖浆进行奖饲，促进蜂王积极产卵，尽力使圈扩大到八九成。然后加强饲喂，使蜂巢出现新蜡，满足子脾营养需要。在这基础上，开始加脾，满足蜂王产卵需要，加脾的方法类似复壮阶段，先加边上，产上卵后移往子脾之间，随着巢脾增加，工蜂密度下降，达到蜂脾相称时就应减少加脾。

五、调节温度

本阶段处于秋末初冬，昼夜温差甚大，晚上常降到 10℃以下，所以要进行保温，尤其是较弱的蜂群，必须严密保温，以利子圈扩大。这时晴暖的中午，气温又会升至 20℃以上，所以又要适当扩大巢门，加强通风，才便于蜂巢保持繁殖所需的恒温。

六、及时断子

运用紧框、奖饲、保温加脾等措施后，子脾达 5~6 张时，发现蜂王产卵速度开始下降，蜂脾关系渐趋蜂少于脾，头一批子出房时，就应关住蜂王，使新出房的工蜂不致参加最后这些子脾的哺育工作，确保所有出房的新蜂保持生理上年轻，都成为既能安全越冬，又能为复壮阶段培育第一代新蜂的适龄越冬蜂。

七、增强越冬蜂体质

越冬蜂的数量和质量是关系到越冬成败及次年初复壮阶段发展快慢的关键因素，是一对对立和统一的矛盾。在某种意义上，越冬蜂的质量比数量更为重要，在培育越冬蜂中必须设法提高越冬蜂素质。具体应注意 3 个问题：一是子圈扩大后，要加强饲喂，使子脾发育健康。二是越冬饲料应在新蜂刚出房时喂足，由于新蜂出房会消耗很多蜜粉，巢内子脾以外还应有几个大蜜粉脾，才能保证子脾出房后食料仍然充足，可以避免越冬时补喂越冬饲料这一弊病。三是新蜂出完后 8 天内，巢内有较多的蜂粮，满足出房工蜂继续生长的需要，以增加工蜂体内蛋白质的积存，延长工蜂寿命（图 7-4）。

图 7–4　培育越冬蜂期间保证营养充足（李建科　摄）

八、培育新王

应在渐减阶段初期培育好王台和组织交尾群，强盛阶段后期培育出雄蜂，在本阶段前期交尾成功产卵。让这些新育成的蜂王参与培育当年的适龄越冬蜂，同时能为越冬提供年轻健壮的蜂王。

九、留足越冬饲料

充足优质的饲料是蜂群安全越冬的重要条件。越冬的饲料量由越冬期长短决定，每足框蜂的越冬蜜，北方要 3 千克（1 个蜜脾）左右；浙江一带由于只有 2 个多月的越冬期，2 千克已足够。这些越冬蜜必须在进入越冬前留足，第一，有自然蜜源的地方，在最后一个蜜源流蜜期，选留 2~3 个巢框结实的巢脾，蜂蜜储满后，置于继箱一侧，不要摇取，到第 2 次取蜜时，已经成熟，可以提出存于空继箱里，到渐减阶段将结束时，放入蜂巢。第二，如果最后一个蜜源流蜜不稳定，蜜脾应在最后一个蜜源的前一个蜜源留足。没有自然蜜源的蜂场，在渐减阶段中期，就要用上等白糖饲喂，直到喂足为止，糖浆的糖水比为 2∶1。在关王越冬的条件下，越冬饲料中还应有些蜂粮（图 7–5）。

A

B

图 7-5 留足越冬饲料的参考

A 为北方越冬蜂饲料需求，一脾蜂一足脾封盖蜜；B 为南方越冬饲料需求，一足脾蜂大约 2/3 足脾蜂蜜（李建科 摄）

第二节 蜂群安全越冬关键技术

越冬阶段持续的时间南短北长。有的地方一个月左右，有的个别地区几乎没有越冬阶段，南岭以北到长江以南为 2~3 个月。长江以北至黄河流域 3~4 个月。华北北部、新疆维吾尔自治区、辽宁及内蒙古自治区大部 4 个月左右。吉林、黑龙江省约 5 个月，哈尔滨以北的广大地区长达半年之久。越冬的主要任务在于延长工蜂的寿命，减低死亡率，减少饲料消耗。这种保存实力的工作非常重要，管理不妥，就会导致越冬失败，给翌年复壮阶段的繁殖增加困难。

一、越冬前的准备

1. 补足越冬饲料

越冬饲料必须充足，使蜜脾的上部全部封盖，下部只留少数空房，迫使蜜蜂在巢脾下部结团，这种蜂团距巢门近，空气交流方便，防盗能力强，温度比较平衡，太阳直射箱盖，蜂团不易受热，蜜蜂安静，取食容易，蜂团中工蜂位置交换方便，有利提高越冬蜂的成活率，减少饲料消耗。

2. 抓住晴天治螨

蜂群断子以后，进入越冬阶段，蜂螨全部转移到工蜂体表，这时是治疗蜂螨的最佳时机。蜂螨已由为害蜜蜂子脾为主转移到危害成蜂，用它的刺吸式口器，刺入蜜蜂的节间膜吸取血淋巴为食，所以必须抓住此关键时期治螨。越冬阶段初期，虽然气温较高，但常在蜜蜂安全临界温度以下。阴天治螨，不仅药液不易蒸发，而且容易冻僵蜜蜂。只有晴天中午，气温较高，常在安全临界温度之上，必须抓紧此时治螨。隔天 1 次，连治 3~4 次，直到没有蜂螨落下为止。

3. 淘汰劣王合并弱群

蜂王在越冬期停止产卵，蜂王好坏似乎无关紧要，实际上对蜂群是有影响的，所以已完成培育越冬蜂的老劣蜂王，这时可以淘汰，把蜂群合并给邻群。如果老劣蜂王的蜂群群势较强，可和弱群合并在一起，或重新介绍一只好王。

4. 合理布置蜂巢

断子后的越冬蜂群，弱群在 12℃以下，强群 7℃以下，就在靠近巢门的位置结成冬团。冬团上缘和下方稍松，是个气门。巢脾的空巢房里，钻进蜜蜂，能增厚蜜蜂密度，加强抗寒能力。冬团依靠吃蜜、运动产热维持其外围 6~8℃、团心 14℃以上的巢温。冬团外围的蜜蜂，全部头朝团心，并受寒气刺激而缓缓地向团心行进，团心蜜蜂退到外围后，又重复上述动作。整个蜂团又随着食料消耗先向上再向后渐渐移动。蜜蜂的食料靠互相传递供给，维持蜂团相对安静。根据蜜蜂冬团运动的上述习性，蜂巢布置要大蜜脾在外，中蜜脾在内，并对准巢门，使脾距加宽到 13~15 毫米，让蜂团集结于中间的下前方，便于按规律运动和减少外界影响。全部大蜜脾的，可使蜂群保持蜂多于脾的状态，团集于巢脾下缘，有利延长工蜂寿命。

5. 越冬前蜂群摸底普查

越冬前期的蜂群情况，可借治螨之机，逐脾了解各群的大体情况，尤其是蜂王和饲料情况，避免因盗蜂或其他原因造成蜂群饿死。这一工作在越冬前、中期就要注意，可以从巢脾上部、箱底观察和局部抽查来了解，以免发生意外。为了给新手掌握规律提供资料，越冬正式开始时，要进行一次全面检查，记录蜂群的蜂量、饲料、蜂王、巢脾等情况，其中对个别有待解决的问题，加上备注，以确保越冬安全。

二、室外越冬蜂群管理

室外越冬蜂群，若是越冬蜂健康，且群势较壮，蜂群蜜足质优，从进入越冬期直至排泄，只要做到温度高时不伤热，即冬团不散；温度低时箱内有轻霜而无冰冻，越冬就会成功。

调节巢门：从包装时起到 11 月下旬要完全打开，12 月初要挡上大门留小门，12 月末全挡上，到 1 月初在箱门外面还要松散地塞一些遮挡物，2 月初将箱门外遮挡物撤除，2 月末开小门，3 月上旬可视情使用大门。

越冬包装：包装因地区和蜂群大小而不同，蜂群在 4~5 足脾以上，南方地区不用包装。北方地区在最低气温 -6℃时给予适当包装，包装方式因人因地而异（图 7-6），但总体原则宁冷勿热。

掏清死蜂：越冬的前期除调节巢门外，一般不用做其他的管理，到了后期要每月掏一次死蜂。掏死蜂时，如果发现巢门结冻，巢门附近的蜂尸已经冻实，而箱里面蜂尸没有结冻，这是越冬温度正常的标志。箱门没冻则表示温度高了，反之，箱底全部蜂尸都冻实了，则表示温度低了。热时加强通风，冷时减弱通风，方法是伸缩或关闭巢门。

检查和关王：室外越冬蜂群，原则上要求包装后蜜蜂不应飞出

A

B

C

D

E

图 7-6　几种不同的室外越冬包装

A~C 用塑料、泡沫进行的集中包装；D、E 为泡沫做内外包装（李建科　摄）

蜂巢，如有飞出，说明箱内温度高，要开大巢门加强通风，遇到炎热天气，可打开箱上部的部分保温物，以利排出热气。室外越冬的蜂群整个冬季不开箱检查。但若初次室外越冬，没有经验，应在 2 月检查一次。扒开上部的保温物，逐箱查看，若蜂球在中前部，巢脾后部有大量的封盖蜜，蜂团小而紧，说明越冬正常（图 7-7A）。如果蜜已吃完，要补给蜜脾，同时检查蜂群，把蜂王关进竹丝王栅笼中，挂于蜂团正中，防止蜂王提前产卵和冻死，然后再重新做轻度包装，继续越冬，直到排泄。也可以用听诊胶管从巢门插入蜂箱听蜂群声音，如果听到“嗡嗡嗡”声说明正常，如果听到“吱吱吱”说明偏冷（图 7-7B）。

A

B

图 7-7　越冬蜂群检查

A 越冬蜂团紧密的正常蜂群（李建科　摄）；B 用听诊胶管巢门口听蜂群声音

消灭鼠害：田鼠、家鼠钻进蜂箱，多半是在入室之前，尤其箱门活的蜂箱更容易钻入，因此在秋季蜂群活动减少时，要把箱门钉牢固。越冬期间若发现箱内有鼠，要立即开箱捕捉。越冬室的老鼠，会使越冬蜂不得安宁，可运用器械和药物捕杀相结合的办法消灭（图 7-8）。

A

B

C

D

图 7-8　越冬蜂团的鼠害与预防方法

A 越冬蜂群内的鼠害；B 铁窗纱防鼠；C、D 巢门防鼠（李建科　摄）

第八章 蜂群运输和饲养管理机械化

蜂业机械化是现代化的标志，也是蜂业可持续发展的必然趋势。由于我国和西方发达国家养蜂业存在本质差异，必须研发适合我国国情和经济发展水平的蜂业机械化设备，发达国家的机械化设备与我国蜂业实际发展水平还有一定差距。蜂业机械化是个系统工程，包括生产现代化和管理现代化。养蜂生产机械化的核心是现代化，它包括蜂群转运机械化（养蜂车机械化）、脱蜂机械化、割蜜盖机械化、摇蜜机械化、蜂王浆生产机械化和蜂螨防治机械化等。其最终目的是提高劳动效率，降低劳动强度，提高产品质量，提高蜂农收益水平。近十几年以来，我国的蜂业机械化取得一定发展，一些蜂农根据生产实际研发了一些机械化蜂机具，如放蜂车等。虽然研发水平还有待进一步提高，但一些起步早的蜂农已从中获得巨大收益。一个能饲养 240 群的放蜂车，年收益大约在 20 万元以上。国家对蜂业机械化的认识和重视也在不断提高，部分省市实现了对蜂农进行蜂机具补贴，养蜂业正在向现代化和机械化方向快速发展。

第一节　我国机械化养蜂现状

自 1911 年的清末秀才张品南引进标准式蜂箱及蜜蜂活框饲养技

术以来，虽然养蜂业的规模、条件等发生了巨大变化，但是蜜蜂饲养方式变化或发展并不大，依然秉承着百年来的活框饲养传统方式，在饲养操作、生产机具等方面发展尤为缓慢，当前的养蜂生产依然基本靠手工或半手工操作，养蜂人劳动强度大，生产条件差，经济效益低，进而直接影响着养蜂积极性与养蜂业发展（图 8-1）。目前大多

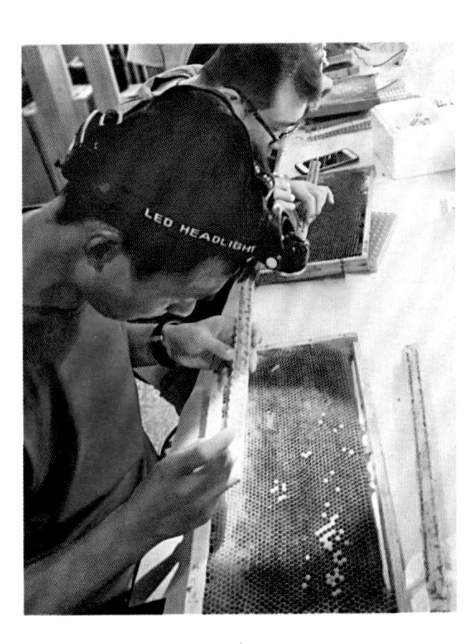

A

B

C

D

图 8-1　我国养蜂机械化现状

A 蜂王浆生产的人工移虫；B 人工割蜜盖；C 人工摇蜜；D 人工装卸蜂箱（A、B 李建科　摄）

数摇蜜生产还是人工抖蜂、摇蜜；蜂王浆生产人工移虫、挖浆；蜂群装卸人挑肩扛等人工劳动为主。

标准式蜂箱及蜜蜂活框饲养技术的引进与推广，开创了我国科学养蜂新纪元。从此，我国进入灵巧活便的科学饲养期。这一进步的重要标志就是采用了标准蜂箱、活框饲养技术，为之配套的还有摇蜜机、启刮刀、蜂扫、蜂帽、喷烟器等专用蜂机具。这些蜂机具对蜂业发展发挥着巨大作用。但历经百年，社会进步和经济发展给很多行业带来了巨大变化，但养蜂业的机械化发展依然缓慢。

蜂机具的发展进步主要体现在某些生产环节的小机具创新和原材料的代替、更换等方面，其中也有些发明创造。例如，巢、继箱连接，原来都是用木板或竹条、钉子相连接，既麻烦又费力费时，十几年前养蜂人发明了“蜂箱连接器”，上下挂件一扣，就解决了蜂群转运中一大难题，既方便又省事。各种蜂机具制作材料大都发生了变化或改进提高，例如摇蜜机、启刮刀等由生铁换成了不锈钢，部分隔王板、巢础、王台条等，由竹木或蜂蜡材料，换成了塑料制品。发展或进步最快的当属蜂王浆生产机具，在20世纪60年代前，养蜂人几乎不生产蜂王浆，故也没有蜂王浆机具，直到20世纪70~80年代蜂王浆开始大量生产，蜂王浆专业生产机具也就随之面市。原来养蜂人挖浆多用小号画笔，后来改用“王浆铲”，近年来自动取浆机和移虫机也相继出现并投入生产。近10年来，随着规模化水平的不断提高，先是蜂农自主改装汽车在车上养蜂，后来一些汽车厂家相继投入了研发，但总体水平还需要进一步提高。

任何产业的发展进步与技术设备的发明、推广密切相关，我国蜂业机械化发展缓慢的原因有很多。首要是思想认识没有引起重视，无论从政府管理部门，还是养蜂科技人员和养蜂人本身，对实现养蜂机械化重视不够、认识不足，未从思想深处理解和认识到实现机械化对养蜂现代化的重要贡献。尽管最近几年部分省市一直呼吁对蜂农进行农机补贴，资助购买养蜂车等设备，全国整体覆盖面积很小，仅在山东出台蜂农补贴政策，其他地方还未见行动；其次是我国蜂农的自主创新意识未能跟上，依赖思想严重。以德国为例，每个养蜂人的蜂箱和工具都不一样，都喜欢自主研发与众不同的蜂机具。尽管德国有标准蜂箱，但很少有人使用。由于德国与美国一样，业余养蜂的占80%，他们养蜂的目的不是生存，而是娱乐和保护蜜蜂。虽然形态各异的蜂机具无法实现标准化生产，但反映了发达国家养蜂人的创新意识。因此，养蜂人本身也要发挥主观能动性和创造力，研发适合我国国情的高效蜂机具。

迄今为止，尽管标准化、规模化、产业化、组织化、现代化养蜂一直在提倡，却从没把养蜂机械化提上议程。《全国养蜂业"十二五"发展规划》是我国今后蜂业发展的行动大纲。该文件系统总结了我国的养蜂成就、存在问题、发展潜力等多方面，也提出了指导思想、基本原则和发展目标，却唯独没有机械化，而实行养蜂机械化是实现养蜂标准化、规模化、产业化、组织化、现代化的根本出路。没有养蜂的机械化就没有养蜂的现代化，就难以实现养蜂规模化和高效益。因为，没有养蜂机械化，养蜂人就得靠手工操作，不仅劳动强度大，而且经济效益低，还得吃苦受累，从而严重影响着养蜂的积极性，进而导致后继乏人，直接影响养蜂业的健康发展。

第二节　机械化养蜂车

养蜂生产中蜂群转运是体力劳动最强的环节，由于蜜蜂是具有生命和蜇人的特点，因此运输蜜蜂与其他任何东西都有很大差别。养蜂车机械化是推动养蜂业发展的关键因素。近年来，随着市场对养蜂车需求的不断增加，相继出现了蜂农自行改装的养蜂车，也就是在普通卡车上装上蜂箱固定支架，然后把蜜蜂放到车上饲养。但是蜂农自行改装的汽车在安全性和年检上会遇到很多问题。

蜂农自己改装的车辆，由于采用旧车底盘或质量较差的底盘改装，存在许多安全风险及质量隐患。有的养蜂户由于采用了一个质量较差的旧底盘改装养蜂车，连续出现了爆胎、方向失灵、灯光失效等涉及安全的质量隐患，最后不得不放弃使用。

由于蜂农个人改装受技术、生产条件所限，养蜂车可以实现的许多功能并没有开发出来。在河北邯郸一养蜂户，兄弟二人利用旧车改装了一台养蜂车，但仅仅是一个运蜂车，许多操作功能诸如升降操作平台、蜂箱捆绑、生活设施设置等功能都没有被开发出来。

针对以上问题，郑州康杰蜂业科技有限公司联合中国农业科学院蜜蜂研究所、五征汽车集团，对养蜂车存在的问题有针对性地进行了改进。首先，选用解放、东风、欧曼等国内质量可靠厂家的底盘，质量可靠、服务网络健全，免除了蜂农用车质量问题的后顾之忧。其次，在设计中充分考虑养蜂生产的需求，装置了太阳能发电系统、生活用水箱，蜜蜂起落板，充分利用车上的空间装置了大的工具箱、手动或自动工作平台，方便蜂农检查蜜蜂或摇蜜作业等。还可以根据用户需求装置带房子的产品，提高蜂农的生活品质（图 8-2、图 8-3）。

图 8-2　新型养蜂车外观（李建科　摄）

图 8–3　养蜂车车上的工作情况（李建科　摄）

以一汽解放底盘改装为例，发动机动力强劲，全车钢丝胎，养蜂区货箱长 6.8 米，可以不卸车装 112 箱，配置有太阳能供电系统（图 8–4）、蜜蜂起落板（图 8–5）、工作平台便于各层蜂群检查和管理（图 8–6）、蜂箱自动固定捆绑装置（图 8–7）、尾部翘板便于人员上下及装卸蜂箱货物（图 8–8）、生活水箱（图 8–9）可供野外 5~7 天生活用水、车厢下面 3 个大工具箱（图 8–10）和车厢上部工具箱（图 8–11）、蓄电装置（图 8–12）等。

图 8–4　养蜂车载太阳能系统
在两排蜂箱支架上面设计了太阳能发电系统（李建科　摄）

图 8–5 蜂箱起落板（李建科　摄）

图 8-6　车上养蜂工作平台
（李建科　摄）

图 8-7　方便快捷的蜂箱捆绑装置
（李建科　摄）

图 8-8　车辆尾部翘板（李建科　摄）

图 8-9　水箱容量可提供 5~7 天的生活用水（李建科　摄）

图 8-10　车辆配置有工具箱（李建科　摄）

图 8-11　车厢上部工具箱
（李建科　摄）

图 8-12　太阳能发电蓄电装置
（李建科　摄）

为了提高养蜂人员的生活质量和保证蜂王浆的新鲜度，近年来也相继研发了车载电冰箱，体积形状各异（图 8-13）。这些小型车载冰箱可以利用太阳能发电系统的电源为冰箱供电，大大提高了蜂农的生活质量和需要低温保存的蜂产品的售前保存。

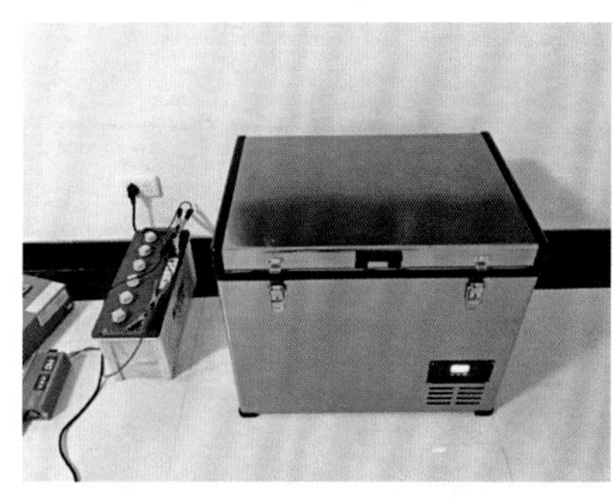

图 8-13　车载电冰箱（李建科　摄）

除了上述养蜂车以外，近年来我国也出现了安装在汽车尾部的自动装卸平台，用于蜂箱和相关蜂具的装卸。这种装卸装置在准备装车时自动升降平台可放到地面，约20秒可降到地面。动力为液压，由车上电瓶控制机械系统（图8-14），起重1.5吨的平台一次可装12个继箱。

图8-14　汽车尾部自动升降装卸平台（李建科　摄）

为了改善养蜂人的生活质量，一些养蜂车在车厢前部还设计安装了卧室，可供生活起居，避免风餐露宿（图8-15）。

图8-15　养蜂车前部配备生活间

由于在车上养蜂操作有诸多不便，尤其是年龄大的养蜂人，因此蜂农对能机械化装卸把蜜蜂放在地面上的要求越来越高。目前我国有蜂农自行改装的吊臂机械化装卸养蜂车，如新疆维吾尔自治区一蜂场，饲养一万群蜜蜂，所有装卸目前已实现机械化，年产值在 2 000 万元以上（图 8–16）。但自行改装的问题是年检会遇到麻烦，因此，中国农业科学院蜜蜂研究所与中国重汽集团联合开发了机械化吊臂装卸养蜂车（图 8–17）。该车发动机底盘采用德国 Man 公司核心技术，主要有直径 15 米的可伸缩吊臂、蜂箱托盘、储蜜和储水箱。15 米直径吊臂可自由把蜂箱卸载到四周，吊臂工作重量 500~3 000 千克，养蜂员可以在车厢与驾驶室中间的平台上操作吊臂。蜂箱托盘可把蜂箱固定在上面，每组 10 箱，一个 200 箱蜂场 1 个小时就可以装卸完毕。车厢下部空间有 2 个可以分别储存 1 吨蜂蜜的不锈钢罐（食品级），同时也可以储存生活用水，一个罐盛水量可供 3 人使用 1 周。另外还配备 2 个大型储物箱，可以容纳一些生活和生产用具。采用车载吊臂

图 8–16　新疆一万群蜂场的机械化装卸蜂群（梁朝友　摄）

A

B

C

D

E

F

图 8-17　机械化吊臂养蜂车（李建科　摄）

A、B 为吊臂养蜂车外观；C、D 为吊臂操作平台；E、F 为车厢下的储物箱储蜜罐

较单独设计吊车更经济，因为车载吊臂可利用汽车的动力和轮胎，如果单独用吊车需要独立的动力系统和轮胎等，较车载吊臂约增加 5 万元费用。新养蜂车已于 2016 年 12 月 1 号取得批文，可以正式投产销售。造价依据车型大小差异很大，如 9.6 米装 240 箱蜜蜂，大约 28 万。最近我国也开始使用叉车装卸蜂群，大大提高了效率，减轻劳动强度，适用于平板车辆装卸和大规模养蜂场（图 8-18）。

图 8-18　叉车装卸蜂箱（陈黎红　提供）

第三节　国外运蜂机械化现状

发达国家与我国养蜂业存在本质差异，由于我国人口总数和农业人口与发达国家的巨大差异，尤其是我国国民收入水平还相对较低，大多养蜂人员主要是通过养蜂发展家庭经济。我国目前养蜂发展水平正是发达国家一个世纪以前所经历的过程。德国早在 20 世纪 30 年代也采用类似我国目前的放蜂车（图 8-19），但随着工业化进程的推进

图 8-19　20 世纪 30 年代德国养蜂车（李建科　摄）

和经济的发展，这种车在德国早就被淘汰。而在罗马尼亚，其养蜂车与我国基本类似，但设计明显较我国目前的养蜂车考究，体现了很多蜜蜂文化元素，同时车上生活设施也较好（图 8-20）。如今西方发达国家养蜂大多是业余爱好，只有少数以蜜蜂为生的专业养蜂人才大规模饲养蜜蜂，进而，少则几百群，多则上千甚至上万群。如新西兰一蜂场饲养 2 万多群蜜蜂，他们用直升飞机把蜂群运到蜜源最丰富的深山区采集麦卢卡蜂蜜（图 8-21）。在美国，养蜂车基本都是普通的卡车，没有任何设计，蜂群装卸用铲车完成，也有少部分业余养蜂人采用类似我国的养蜂车（图 8-22）。

图 8-20　罗马尼亚养蜂车（李建科　摄）

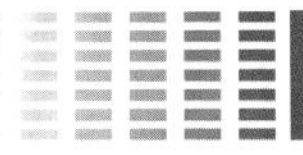

图 8-21　新西兰用直升飞机运输蜜蜂到深山区采集麦卢卡蜂蜜
（新西兰 Seth Fisher 提供）

图 8-22　美国和新西兰的养蜂车、装卸蜂群叉车
（李建科　摄、新西兰 Seth Fisher 提供）

基于上述国内外蜜蜂运输机械化的发展，不难看出我国与发达国家存在很大差距，这些差距除了技术水平之外，最为重要的是由理念差异导致的技术差异。但可喜的是，我国极少数规模化蜂场也采用与发达国家基本一致的机械，对我国蜂业机械化发展起到积极的推动作用。我国的国情与发达国家还有很大差异，养蜂车是养蜂业现代化必需的农业机械，尽管目前养蜂车在产品设计、使用功能开发等方面还

存在许多有待完善的地方，但是养蜂车在提高蜂农养蜂经济效益、降低蜂农劳动强度、改善蜂农生活工作条件上已经发挥了积极的作用。中国养蜂业要实现现代化、规模化、规范化、效益化发展，发展养蜂车是必由之路。但对广大养蜂人来说，养蜂车或叉车都还是较昂贵的农机产品，发展蜂业机械化还存在一些瓶颈需要克服。第一，养蜂车迄今没有国家购机补贴。尽管少数地方正在试图开展蜂机具补贴，但养蜂车作为养蜂户一项大的生产资料投入，没有国家的购买养蜂车补贴，蜂农很难承受较大的资金投入。第二，目前中国蜂农的老龄化现象严重。绝大多数的蜂农不能驾驶，没有驾驶证。必须通过国家的有效政策支持发展养蜂车吸引更多的年轻人从事养蜂业。第三，养蜂车开发企业开发一款完全适合蜂农要求的产品需要大量的资金投入。养蜂车的研发企业缺乏必要的资金支持，阻碍了养蜂车的发展。第四，养蜂车享受免高速通行费的政策在某些地区落实不到位。按照国家规定，养蜂车属于蜂农自用、非营运车辆，运输的蜜蜂属于鲜活农产品走绿色通道，享受免除高速通行费，而有些省份却以各种理由和借口拒不执行该政策，挫伤了蜂农的购车积极性。

第四节　蜂群管理机械化

我国的蜂群管理与发达国家相比，其特点是细致入微、精益求精。这些饲养管理方法为我国蜂业发展作出了巨大贡献，也形成了中国特色的蜜蜂饲养管理模式。随着我国蜂业快速发展，尤其近 10 多年来，饲养规模逐渐增加，蜂农以养蜂为生的数量快速增加，最少的也有 100 群，200~400 群已很普遍，多的 1 000~2 000 群，最大规模的已超过 1 万群。因此过于精细的管理已经不能满足规模化发展的需求。例如，一个饲养 2 000 群的蜂场，采用人工开蜂箱倒糖水饲喂，大约 1 星期才能饲喂 1 遍。为提高饲养管理效率，如今在我国一些较大规模蜂场和国外大规模蜂场采用电动或发动机驱动的泵饲喂糖水（图 8-23）。

图 8-23　电动或发动机动力糖浆饲喂泵（李建科　摄）

在蜜蜂饲养方式方面，我国一直采用蜂箱单排摆放，蜂箱装卸基本依靠人工搬运。而在发达国家蜂箱，4 个背靠背摆放在一个离地约 20 厘米的托盘上（图 8-24），由于蜂群常年不开箱检查，不同箱体

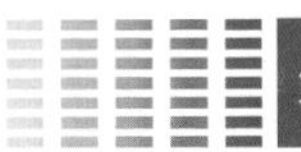

A

B

C

D

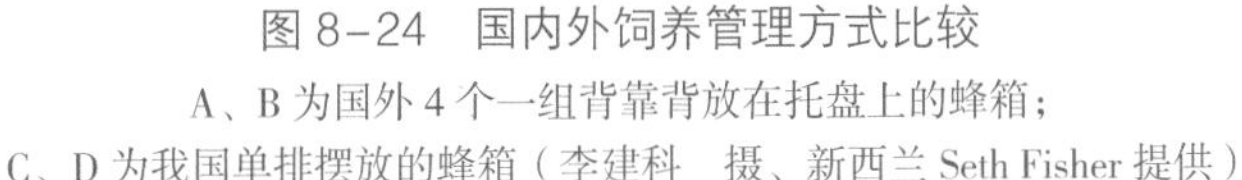

图 8-24　国内外饲养管理方式比较

A、B 为国外 4 个一组背靠背放在托盘上的蜂箱；

C、D 为我国单排摆放的蜂箱（李建科　摄、新西兰 Seth Fisher 提供）

之间的蜂胶把蜂箱连接得十分坚固（图 8-25），因此不需要继箱连接器固定蜂箱，就可以直接用叉车装卸。

在巢脾使用上，发达国家利用塑料巢脾的越来越普遍，这是因为塑料巢脾尺寸标准便于进行标准化操作（图 8-26）。同时欧美国家与我国养蜂的最大差别之一就是我们采用逐渐加脾来繁殖蜂群和生产蜂蜜，而它们无论在什么情况下都一次性给蜂箱加满巢脾让蜜蜂自行繁殖或把蜂蜜储存满为止。

A

B

C

D

图 8-25 国内外运输方式比较

A、B 国外上下箱体不用连接器，叉车直接装蜂箱；C、D 中国蜂箱固定（李建科 摄）

图 8-26　美国使用的塑料巢脾，一次性给蜂箱加满巢脾（李建科　摄）

国外一些大型蜂场有些已经实现了计算机系统管理蜂群，在蜂王胸部贴上一个感应芯片，在蜂箱门口装上检测器，通过信号传导到计算机，在室内就能知道蜂群的蜂王是否健在，免去打开蜂箱漫无目的地检查蜂王的劳苦。有些蜂场也实现了类似成熟自来水系统的蜂群自动饲喂系统，免去人工开箱饲喂的麻烦并降低劳动强度。

第五节　蜂螨防治机械化

蜂螨是一种蜜蜂体外寄生螨，均在蜂巢房内繁殖。在未封盖的幼虫房中产卵，繁殖于封盖幼虫房，寄生于幼虫、蛹及成蜂体，吸取血淋巴，造成蜜蜂寿命缩短，采集能力下降，影响蜂产品产量。受害严重的蜂群出现幼虫和蛹大量死亡，新羽化出房的幼蜂残缺不全，幼蜂到处乱爬，蜂群群势迅速削弱。

大蜂螨的个体发育分3个阶段，即卵、若螨和成螨。1只雌螨能产1~7粒卵，多数产2~5粒，进入巢房内的大蜂螨有产卵能力的占94.8%，无产卵能力的仅占5.2%，试验查明，雌螨进入蜜蜂封盖幼虫房48小时后与雄螨交尾受精，腹部膨大，行动迟缓，60~64小时开始寻找产卵场所，并将卵产于巢房壁和巢房底部。大蜂螨产卵能力虽然很强，但成活率很低，能够形成新雌螨的仅占35.8%，死亡3.8%；形成新雄螨的占17%，死亡9.4%，而不能发育为成螨的占33%。雄螨与雌螨交配后不会立即死亡，大部分雄螨是在幼蜂羽化出房后死亡，而雌螨则随着幼蜂出房寄生于蜂体或转移到新的幼虫房。潜入工蜂封盖巢房的大蜂螨均为雌螨，并在封盖房内只繁殖1代，没有世代重叠现象。受孕雌螨，产1个卵时，多数情况下发育为雌螨，若产2个以上的卵时，则必有一个发育为雄螨。检查封盖巢房，鉴别雌螨与雄螨之间的性比例为1.42∶1。大蜂螨的生活周期分别为卵期20~24小时，前期若螨52~58小时，后期若螨80~86小时。雄螨整个生活周期为6.5天，雌螨7天。

蜂螨的寄生分为蜂体自由寄生和封盖房内繁殖两个阶段。在蜂体自由寄生阶段，寄生于工蜂和雄蜂的胸部和腹部环节间，一般情况下，1只工蜂体上寄生1~2只雌螨，雄蜂体上可多达7只以上。在封盖巢房内繁殖阶段，工蜂幼虫房通常寄生1~3只，而雄蜂幼虫房可高达20~30只螨。其原因是：第一，雄蜂幼虫房集中于巢脾边缘，温度较低，适于大蜂螨的寄生和繁殖。第二，雄蜂幼虫发育阶段分泌激素的引诱作用。第三，雄蜂幼虫发育期较工蜂幼虫长12小时，工蜂对雄蜂幼虫饲喂次数多，这样便增加了蜂螨潜入的机会。

蜂螨是制约蜂业生产的最重要病虫害，它寄生于幼虫和成蜂体表吸吮淋巴而危害蜜蜂健康，通常会造成蜂群全军覆灭。蜂螨虽然寄生于蜜蜂体外，但一生均在蜂巢房内繁殖，它在未封盖的幼虫房中产卵，繁殖于封盖幼虫房，寄生于幼虫、蛹及成蜂体，吸取血淋巴，造成蜜蜂寿命缩短，采集力下降，影响蜂产品产量。受害严重的蜂群出现幼虫和蛹大量死亡。新羽化出房的幼蜂残缺不全，幼蜂到处乱爬，

蜂群群势迅速削弱，严重时还会寄生蜂王（图 8–27）。

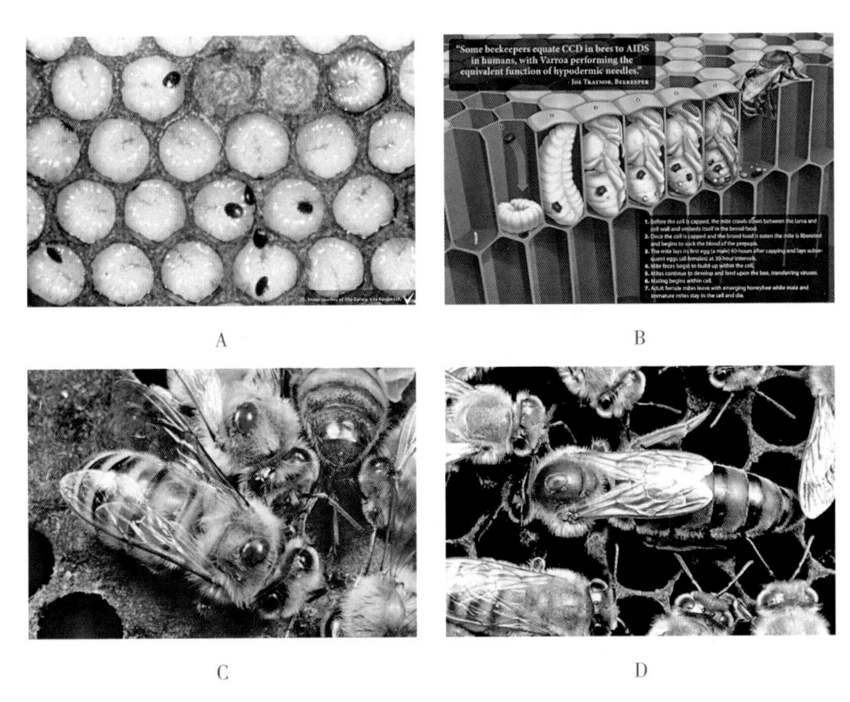

A　B　C　D

图 8–27　蜂螨寄生蜜蜂过程

A. 蜂螨入侵大幼虫；B. 蜂螨在巢房的发育过程；
C、D 蜜蜂寄生工蜂和蜂王

目前采用的治螨方法是人工给蜂群施药，劳动强度大，同时蜂螨极易产生药物抗性，严重影响蜜蜂健康和生产效率，同时也是蜂产品药残的主要来源之一。

利用蜂螨喜欢在雄蜂房繁殖远远超过在工蜂房繁殖的生物学特性，我国已经研制出利用物理加热方法将雄蜂房内的蜂螨集中杀死。其主要原理是利用蜂场的太阳能蓄电池对蜂箱里即将出房前 2~3 天的雄蜂脾进行加热，雄蜂房内的成螨和若螨都会被杀死。一个蜂群在繁殖季节治疗 4~5 次即可有效防控蜂螨的为害，这样就可以有效地降低蜂群中蜂螨的寄生率，保持蜂群的健康，使劳动强度大大降低，劳动效率显著提高。为此研制了一种蜂螨生物防治及雄蜂蛹生产装置（图 8-28），用于蜂群的高效物理治螨及雄蜂蛹生产，造价 60 元，每 100 群配 50 个即可，寿命 10 年。该方法近年来在北京、山东和河南的部分蜂场使用后，控螨效果非常理想，是当今高效无污染的治疗蜂螨方法之一。

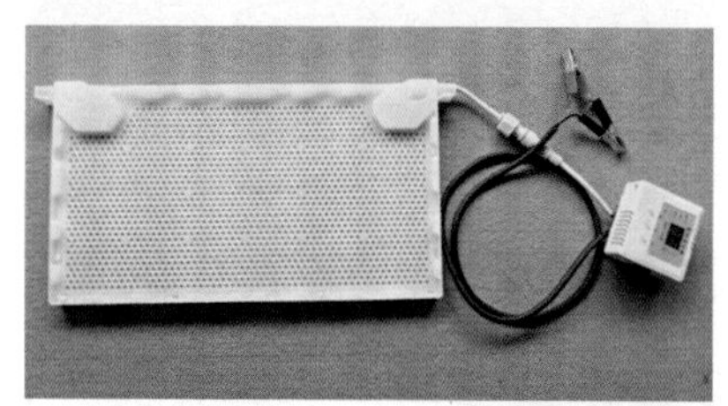
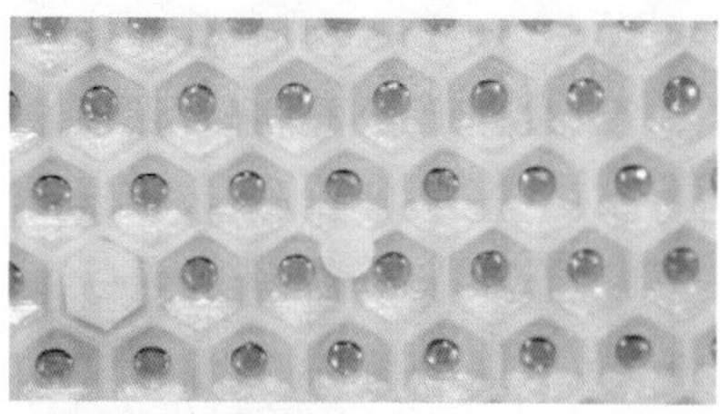

图 8-28　物理加热治螨雄蜂巢脾及在生产中应用（陈盟战　摄）

一套蜂螨治理系统包括一个具有加热功能的雄蜂脾，一个用于自动控制温度的温控系统（一个蜂场只需要一个温控系统，每个繁殖箱需要一个雄蜂脾），两块 12 伏的小型蓄电池（太阳能板供电即可）串联成 24 伏电压（现在几乎所有的蜂场都已经配备太阳能供电系统）。

带加热功能的雄蜂巢脾，通电保持一定时间，可以使雄蜂房升到一定温度，杀死孵化时期的若螨，蜂群的自动清理习性会自动咬开封盖雄蜂房清理出雄蜂蛹及若螨尸体。清理完毕，重复进行隔王管理使蜂王重新在雄蜂脾上产子，如此反复在一个繁殖季节进行多次治螨，就可以使蜂群中的蜂螨的寄生率大大降低，保持健康的蜂群。

物理治螨类似人类的未病先治，物理治螨选择的时期是在蜂螨繁殖时期，该治螨方法最大程度上抑制了成年蜂螨的生成，所以也称事前治螨。具有以下优点：第一，保持健康蜂群。该治螨过程伴随着蜂群的整个繁殖季节，最大程度上抑制了成年螨的长成，始终使蜂群保持健康的状态。第二，操作简单。该治螨方法在整个繁殖全过程可以反复操作使用，操作简单，使用方便，不用额外增加蜂农的劳动强度。该治螨设备可以连续多年使用，综合治螨成本相对很低。第三，蜂螨没有抗药性。该治螨方法是物理治螨手段，整个防治不会使蜂螨产生抗药性。第四，避免蜂产品农药残留。该治螨方法避免了蜂药的使用，整个防治过程不会有蜂药污染蜂产品，蜂产品不会有农药残留。第五，可以生产雄蜂蛹。该治螨的设备也可以用于生产雄蜂蛹，也可以作为正常的巢脾，储存蜂蜜。第六，培育良好蜂群品种。该治螨设备可以保证蜂群在处于健康状态下进行繁殖，所以培育出的雄蜂是没有蜂螨寄生优化后的雄蜂体，为分蜂与处女王交配提供了良好的雄蜂父种。

药物治螨相当于事后治疗。目前我国蜂行业治螨的方法主要是药物治螨。药物治螨是在蜂螨孵化长成成年螨，已经寄生在蜂群后，才开始通过喷洒、放置药物，来杀死蜂群中蜜蜂身上的蜂螨，也叫事后治螨。其为害如下：第一，蜂群处于亚健康状态。蜂螨已经长成成年螨，感染上蜂螨的蜂群已经处于亚健康状态，蜂群生产力已经降低。第二，通过大量的现场调查发现，使用药物治螨时，在药物治螨后的 2~3 天、蜂群的整体表现萎靡不振，几乎没有生产能力，即药物伤蜂。如果用药量没有控制好，要么治螨效果不好，要么治螨用药过量，伤及蜂群导致垮蜂甚至全群覆灭。第三，存在暴发蜂螨病危机。

大量蜂螨已经长成成年螨寄生于蜂群中，蜂群潜在暴发大规模蜂螨病的机会已经存在。第四，药物治螨是事后治螨，没有从根本上阻断蜂螨的不断生成，治标不治本。第五，长期药物治螨，蜂螨会产生抗药性，用药的品种及用量会越来越难把握。第六，药物治螨会污染蜂产品，蜂产品会有药物残留。

在美国也采用同样方法进行治螨，但美国不是采用太阳能而是采用汽车电瓶提供动力给雄蜂脾加热（图 8-29），这种治螨方法在欧美逐渐流行起来，但在我国还是新生事物。

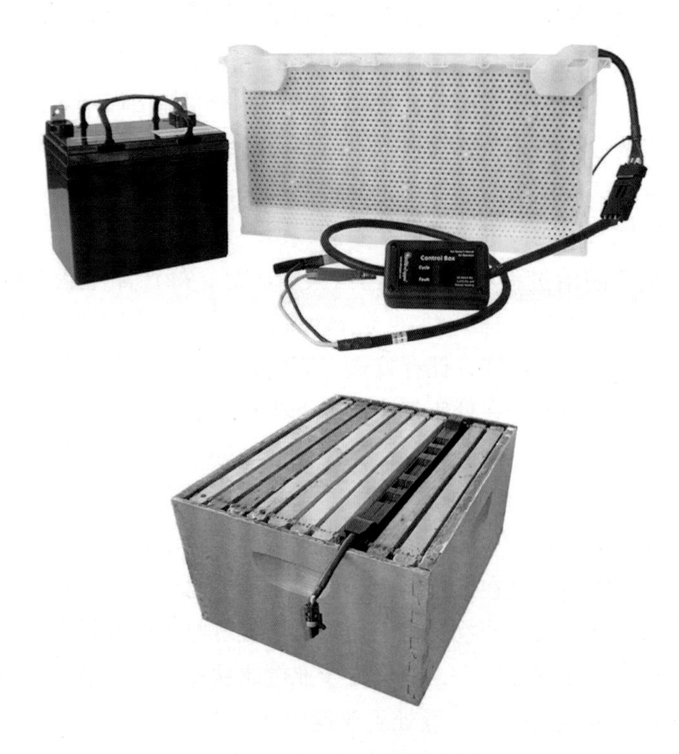

图 8-29　美国的电加热物质治螨雄蜂巢脾（李建科　摄）

第九章

蜂蜜生产现代化

蜂蜜是我国养蜂业第一大宗产品，蜂蜜生产水平与蜂业经济效益息息相关。我国每年生产 40 多万吨蜂蜜，蜂蜜优质高产不仅与养蜂人的经济收益直接挂钩，而且对国内外的信誉都至关重要。蜂蜜生

A　　B　　C　　D

图 9–1　我国目前蜂蜜生产过程

A 把蜜脾从蜂群提出并脱蜂；B 割蜜盖；C 摇蜜；D 摇蜜机内蜂蜜倒入包装桶（李建科　摄）

产同时也是劳动密集型生产环节，所以提高蜂蜜生产的现代化水平对提高蜂蜜的产量和质量非常重要。图 9-1 为我国典型的蜂蜜生产过程。

第一节　蜂蜜优质高产关键技术

蜂蜜只有在主要蜜源或主要辅助蜜源大流蜜期才能生产，为使其能提高产量和质量，必须加强流蜜期的管理。

一、提前培育适龄采集蜂

蜜蜂是否适龄，对蜂蜜产量影响甚大。在流蜜期拥有刚出房的大量新蜂，不但不能积极参加采蜜，还要吃掉很多蜂蜜，对流蜜时间短的蜜源，并不能提高产量。蜂群内各龄蜂组成完整时，在大流蜜期，5 日龄的工蜂就能飞出采集，但适合大量采集要到出房后 17 天，若以出房后 10 天作为开始进入适龄采集期计算，再加上发育期，培育适龄采集蜂至少要在流蜜期前 31 天开始，直到流蜜结束前 1 个月结束，又由于 1 天培育出的新蜂数量有限，还要加 15 天积累期，所以一般要在大流蜜期前 46 天就得着手培育。如龙海一带的刺槐如果在 5 月 1 日流蜜，开始培育新蜂的时间就是 3 月 15 日。所以在第一个主要蜜源开始早的地区，往往复壮阶段就是培育适龄采集蜂的培育期，在复壮阶段出现的主要蜜源就会变成仅供繁殖的辅助蜜源，白白浪费一年一次的花期。因此，提前培育适龄采集蜂对提高蜂蜜产量非常重要。

二、组织采蜜群

流蜜期前 10~15 天就要组织采蜜群，把要出房的封盖子、卵虫脾、花粉脾放在巢箱里，必要时再加一个空脾，子脾居中，粉脾靠边，一般巢箱放 7~8 个脾，作为繁殖区。巢箱上面放隔王栅，把蜂王隔在巢箱内产卵，隔王栅上面加空继箱，作为储蜜区，把刚封盖的子脾提上继箱。蜂群较强、蜜蜂较密厚的子脾和空脾相间排列；蜂群较弱，蜜蜂较稀的子脾集中摆放，放脾数量根据群势决定，以保持蜂脾相称或脾少于蜂为宜。比较标准的采蜜群，一般要有 14 框足蜂，3~4 足框封盖子，1~3 足框卵虫脾，这样的蜂群采集能力较强，群势也不易下降（图 9-2）。如果未达到这个要求，可从副群、三室交尾群或特强群中抽封盖子脾补助，使新蜂出房后达到上述标准。

A

B

图 9-2　产蜜群的蜂群结构

A 巢箱通常 7~8 个巢脾；B 继箱 4~5 个脾（李建科　摄）

三、饲养蜂蜜高产蜂种

目前饲养的蜜蜂尽管大多都是西方蜜蜂，也就是俗称的意蜂，但引进我国以后经过世世代代的繁殖饲养，肯定出现了很多生物学性状的分化，比如浆蜂就是从意蜂选育而来的蜂王浆高产的蜜蜂。同样也有蜂蜜产量高的，因此在日常饲养管理过程中要注意选育和保留高产蜂王，把选育的优良蜂王分为父群和母群分别进行培育雄蜂和蜂王。

这样一代一代蜂王产量就会不断提高。蜜蜂和其他生物一样，杂交大多具有比亲代更强的优势，在生产上能增强采集力。饲养中国意蜂时，可以引进1~2个美国意蜂纯种王，用它的卵或幼虫育处女王和原场雄蜂交配，再用这样蜂王去调换原群蜂王，争取一批换完。要求在第一批新王产卵后的36天内换王成功，再把剩下的原王，除留下2只最好的做种外，全部调换。换王2个月后，原蜂群变成由杂种一代工蜂组成的蜂群。第二年可以用留下的2只中国意蜂王做母群，移虫养王，利用原场美国意蜂群雄蜂杂交，重新育出中国意蜂和美国意蜂的杂交种，并用这种新王把全场的蜂王全部更换，从而使蜂群保持较强的采集能力。

四、调动工蜂采蜜积极性

春季温暖湿润，是粉蜜较好的花期，要防止分蜂意念产生，使群内保持适量的卵虫脾，以保持工蜂的采蜜积极性。当蜂蜜成熟后，须及时摇取，以提供储蜜的场所，也有促进蜜蜂积极出勤的作用。阳光对蜜蜂出勤有明显的刺激作用，保持蜂箱巢门朝南，对增产有利。流蜜期前关入王笼的蜂王至流蜜期放出，无王群在流蜜期介绍蜂王，处女王群采蜜，在大流蜜前期交尾产卵对工蜂的采集工作同样有明显的促进作用。炎夏要防止烈日暴晒蜂箱，最好有自然遮阴，或采用人工遮阴，降温增湿，避免巢门口“挂胡子”和大量蜜蜂扇风现象，减少巢内消耗，增加附脾蜂密度，提高出勤率。

五、促进蜂蜜成熟，讲究取蜜方法

强群在大流蜜期，一般一天可采进几千克到十几千克花蜜，这些花蜜要酿制成蜂蜜，一定要增加储存面积，挥发出大量水分。扩大蜂路既能加强通风，促进水分蒸发，也便于加高巢房，增加储蜜余地。此外，还可开大巢门，把纱盖上的保温草垫或覆布掀去一角，便于空气流动，降低巢内湿度，加快花蜜表面水分的挥发。在进蜜汹涌的时候，还应适当加入储蜜巢脾，有利提高蜂蜜的产量和质量。

流蜜开始后的第一次取蜜要尽早，因这些蜜带有原巢的陈蜜，要单独储存，这一工作称清脾。以后再取的蜜，就属于所采蜜源的单一

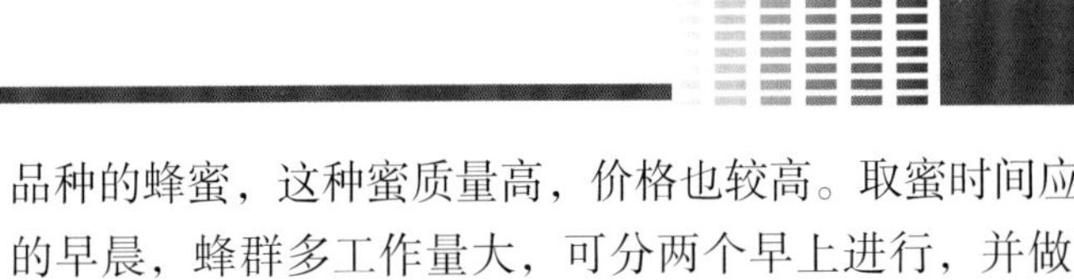

品种的蜂蜜，这种蜜质量高，价格也较高。取蜜时间应在蜜蜂出巢前的早晨，蜂群多工作量大，可分两个早上进行，并做到只取继箱的蜜，不取巢箱的蜜。取后蜜蜂会把巢箱的蜜移到继箱内，这样既能减少对蜂群的干扰，提高蜂蜜浓度和加快取蜜速度，蜜蜂通过对取蜜巢脾的清理，又能刺激工蜂外出采蜜的积极性。

六、正确处理采蜜和繁殖的主要矛盾

前中期蜜源的流蜜期，养蜂人具有双重任务，一是本期取得高产，二是为后一个花期培养工作蜂，使后面花期继续高产，这两个任务存在矛盾，必须从提高产量出发，正确处理。本流蜜期长达 1 个月以上或 40 天后仍有主要蜜源流蜜，而且后一蜜源比较稳产，就既要夺取这期高产，又要为下个蜜源培养适龄的工作蜂，这时只能采取繁殖和取蜜并重的做法，巢箱内放 7 个脾，继箱内放 4~6 个脾。如果本流蜜期过后 40 天内无主要蜜源，本期天气正常，能稳产高产的，就要加强限制蜂王产卵，巢箱放 4~6 个脾，或用 3 框隔王栅限制蜂王产卵，不调巢脾，减少子脾，增强生产的能力。

七、采蜜期的蜂群管理

主要采蜜期的蜂群管理是保持强群，使蜂群处于积极的工作状态，把蜂群的主要力量集中在采集花蜜上，同时注意蜂群的繁殖和适时取蜜。

1. 集中力量采蜜

在主要流蜜期应尽一切可能使蜂群内的外勤蜂集中力量采集花蜜，内勤蜂酿制蜂蜜或生产王浆，使蜂群在主要流蜜期内获得蜜、浆、蜡的高产。为减轻流蜜期蜜蜂哺育蜂儿的负担，应在流蜜期前将蜂王控制起来，限制其产卵，到流蜜盛期再把蜂王释放，有促使工蜂兴奋工作的作用。在主要流蜜期开始前的 10 日内，用成熟王台更换采蜜群的蜂王，即采用处女王群采蜜，可以增加流蜜期短的蜜源植物的采蜜量。但是这种方法只宜在部分蜂群实行，不宜在秋季的晚期蜜源实行，以免气候影响处女王不能按期交配、产卵，或不能交配，造成长期失王。也可采取用空脾换出生产群的一部分幼虫群，放到副群里，从而减轻生产群的内勤负担，增加采蜜量，待幼虫脾封盖后再还给生产群，以免生产群到流蜜期后蜂群群势严重下降。

2. 注意通风和遮阴

在大流蜜期间，要做好蜂巢的通风工作，如开大巢门、扩大蜂路掀开覆布的一角等，以利花蜜中水分的蒸发，减轻蜜蜂酿蜜时的负担。在炎热的中午，要注意给蜂群遮阴，如用草帘、树枝、捆成束的青草等盖在蜂箱上，并使遮阴物向蜂箱的前面突出，尽量不使阳光照射到前壁和巢门。

3. 适时取蜜

进入流蜜期，视进蜜情况确定取蜜的时间。到了流蜜盛期，待蜂蜜酿制成熟，即蜜房封盖或呈鱼眼状才能分离，不要见蜜就取。如果巢内装满了蜜而浓度还达不到可分离的程度，可用空脾或巢础框扩大生产区，保证蜂群储蜜不受限制。取蜜时间安排在每天蜂群大量进蜜之前。有的主要蜜源是上午 10 时开始流蜜，应在 10 时以前完成取蜜。有些蜜源是下午大量流蜜，取蜜的时间安排在上午。蜂群多的蜂场，取蜜时间长，可将其分成 2~3 组，分批在早晨取蜜，这样不仅可以避免当天采进的花蜜大量混入将要取出的蜂蜜之中，从而保证蜂蜜的质量，而且不会影响蜂群的正常采集活动。原则上只取生产区的蜜，不取繁殖区，特别是幼虫脾上的蜜。切忌“见蜜就摇”或“一扫光摇蜜法”。为了争取时间，加快取蜜速度，整张蜜脾可先用空脾换出来。到了流蜜后期，取蜜一定要慎重，注意留足巢内饲料。

八、单一蜂蜜的生产

所谓单一蜂蜜是指蜜蜂采集一种植物的花蜜酿造而成的，是以其来源的植物命名。如荔枝蜜、刺槐蜜、枣花蜜、椴树蜜、油菜蜜、荆条蜜等。只有主要蜜源植物才能够采收到单一花种蜂蜜。单花种蜜的价格较高，浅色的高质量的蜂蜜如混入深色蜂蜜就要降价出售。所以要分蜜种取蜜。

采收单一蜂蜜的方法是在一个蜜源开始流蜜时，将蜂箱内所有巢脾内的储蜜全部摇出，即“清脾”。此后按取蜜的方法，采收本蜜源

的成熟蜂蜜，即为该蜜种的单一蜂蜜，具有该花种蜂蜜的特殊香味和颜色。采收的单一蜂蜜应单独分装，单独储存，作上标记，不与其他蜜种混杂，以保持其纯度。

第二节　脱　蜂

脱蜂是取蜜过程中的劳动密集环节之一。我国养蜂生产传统摇蜜主要靠人工将巢脾上的蜜蜂先抖动下来，剩余的蜂刷扫干净，然后摇蜜（图 9-3）。比如饲养 160 群的专业户，摇蜜季节取一次蜜通常需要 2 天，养蜂人员连续抖蜂 2 天经常造成胳膊肿胀。对流蜜快、流蜜期短的蜜源，如油菜、刺槐、椴树等花期，养蜂人的体力劳动十分繁重。

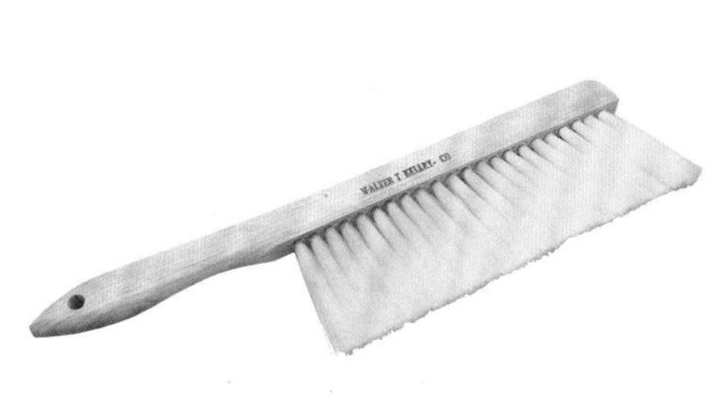

图 9-3　蜂刷（左）和人工脱蜂（右）

因此，研发高效脱蜂系统对减轻劳动强度、提高劳动生产率十分重要。近年来中国农业科学院蜜蜂研究所研发的电动脱蜂机由一个小型发电机（3 000 瓦，47 千克，约 3 000 元）和一个吹风机组成（约 200 元）（图 9-4），在摇蜜时脱蜂速度较人工抖蜂快 1 倍。饲养 160

群的专业蜂场，1 个技术员加 1 个辅助人员，人工脱蜂，手动摇蜜需要 2 天。使用电动脱蜂机、电动摇蜜机 1 天即可完成，劳动效率提高 1 倍。现在也有不需要电但在吹风机上配有小型的发动机，使用时打火启动即可，使用非常方便。我国新疆饲养 1 万群的大型蜂场就采用这种脱蜂方法。

A

B

C

D

图 9-4　电动脱风机

A 脱蜂前；B 脱蜂工作中；C 电动脱蜂机；
D 燃油发动机脱蜂机（李建科　摄）

为了给转地放蜂提供更多的脱蜂方式选择，中国农业科学院蜜蜂研究所还研发了一种高效人工脱蜂器（图 9-5），构造简单，劳动强度大幅降低，脱蜂效果好，造价仅 500 元左右。它主要是采用一个接

图 9-5　人工高效脱蜂机（李建科　摄）

蜂盒，将蜂刷固定在两个可组装于接蜂盒的不锈钢板上，从蜂群里提出蜜脾后从两个蜂刷之间来回刷两下即可将蜜脾上的蜜蜂脱掉，由于落下来的蜜蜂可接到接蜂盒里，即使有蜂王的巢脾也不用担心，每个蜂群脱蜂结束后把接蜂盒的蜜蜂全部倒回蜂箱，不用担心蜂王丢失，是一种造价低、制作简单的高效人工脱蜂工具。

机械化脱蜂是发达国家规模化养蜂普遍采用的脱蜂方式，其动力源分为电动和燃油发动机（图 9-6）。这些吹风机在电动工具商店都可以买到。对于生产巢蜜的养蜂场，用机械脱蜂非常高效（图 9–7）。

图 9–6　电动（左）和燃油脱蜂机机（右）

图 9–7　吹风机脱蜂工作

第三节　割蜜盖

蜜蜂在巢脾上储满蜂蜜后要分泌蜂蜡把巢房口封住让蜂蜜成熟，通常情况下，封盖了的蜂蜜认为是成熟蜜，国外所有蜂蜜都是封盖蜜。因此在摇蜜之前必须先将蜡盖割掉才能将巢房里的蜂蜜摇出来。割蜜盖也是一项体力劳动很强的工作，且需要花费很长时间，割蜜盖劳动不亚于摇蜜的劳动量。割蜜盖时养蜂人必须弯腰工作，通常工作时间久了就会腰痛。割蜜盖的方法依据养蜂规模不同差异很大，国外小规模的以人工为主，大规模的则采用机械化割蜜盖。而在我国目前基本还是人工割蜜盖。人工割蜜盖方法很多，有割蜜刀、电热割蜜刀、蜡盖铲、蜡盖碴子等（图 9–8），这种割蜜盖方法一般效率较低，饲养蜜蜂数量少的可以采用。目前常用的人工割蜜盖方法有蜜盖刷、割蜜刀和蜜盖铲。蜜盖刷是在蜜脾上滚动，把蜜盖破坏，产生蜡渣会在过滤时将其过滤出来，我国养蜂人使用还较少，但效率比割蜜刀高。割蜜刀有非加热和加热两种，非加热割蜜盖是我国最为普遍的割蜜盖方式，但效率低。另外一种是蜜盖铲，它可将蜜盖铲掉，效率也较高。

机械化割蜜盖目前在我国还是非常罕见的，其原因可能有两个方面，其一是我国的蜜蜂饲养规模普遍较小，其二是思想传统。近年来我国的中大型蜂场虽然数量在不断增加，但还未见机械化割蜜盖的养蜂人。机械化割蜜盖有垂直和卧式等方式（图 9–9），其最大优势是利用机械把蜜脾上的蜡盖割掉，大大提高劳动生产效率，减轻劳动强度，这在发达国家的大型养蜂场十分普及。其工作原理就是利用机械转动把蜜盖切除。目前我国还未见机械化割蜜盖机的使用，相信在不远将来我国也逐渐会采用机械化割蜜盖。

A

B

C

图 9-8　人工手动割蜜盖

A 蜜盖刷；B 割蜜刀；C 蜜盖铲

图 9-9　机械化割蜜盖（李建科　摄）

第四节 摇 蜜

割完蜜盖之后，最好把重量大致相同的蜜脾放进分蜜机的框笼里作一次分离。因为重量相差悬殊的蜜脾一起分离，往往会使分离机产生很大的震动。在转动摇把时应掌握由慢到快，再由快到慢，逐渐停转，不可用力过猛或突然停转。遇到较重的新蜜脾，第一次只能分离出一面的一半蜂蜜。换面后甩净另一面，再换一次面，甩净剩下的那一半，也就是蜜脾翻转两次，以免巢脾断裂。取完蜜的空脾放回蜂巢。在分蜜机出口处安放一个双层滤器，把过滤后的蜂蜜放在大口桶内澄清，一天后，所有的蜡屑和泡沫都将会浮在上面，把上层的杂质去掉，然后将纯净的蜂蜜装入包装桶内。盛装不要过满，留有 20% 左右的空当，以防转运时震动受热外溢。贴上标签，注明蜂蜜品种、毛重、皮重、采蜜日期和地点。

从蜂群中把蜂蜜摇出来是养蜂生产的重要产出环节，也是劳动强度最大的环节之一。摇蜜过程是把蜜脾从蜂群中提出，然后脱蜂、割蜜盖、摇蜜和把摇蜜机内蜂蜜装入包装桶。这是我国目前普遍采用的方法，主要依靠人工劳动。这种摇蜜生产方式生产效率低、劳动强度大，小规模养蜂尚可，但远远不能适应大规模养蜂。除了生产效率低、劳动强度大以外，摇蜜机材质是蜂蜜生产过程的污染源之一，一些劣质摇蜜机用铝或铁皮制作，由于蜂蜜多呈酸性，很容易腐蚀，造成二次污染。

为了保证蜂蜜质量在摇蜜过程中不被污染，近年来摇蜜机普遍采用食品级的不锈钢和塑料桶，尽管造价要高些，但是可证对蜂蜜不会产生二次污染（图 9-10）。

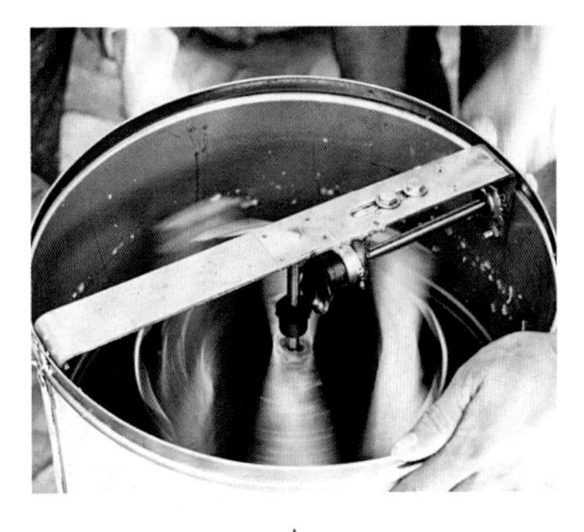

A

B

C

D

图 9-10 手动食品级不锈钢摇蜜机

A、B 摇蜜中的摇蜜机；C、D 多框和两框摇蜜机

由于传统两框手动摇蜜机生产效率低和劳动强度大，为了提高工作效率，手动摇蜜机改进采用辐射式摇蜜机，多达 20 脾，辐射式摇蜜机有手动和电动两种。近年来我国也逐渐采用电动摇蜜机（图 9-11），可极大提高劳动效率。电动摇蜜机是在摇蜜机顶部或外部加上马达，省去人工劳动，效率大大提高。

图 9-11　辐射式手动摇蜜机和电动摇蜜机（李建科　摄）

近年来我国科研工作者根据我国国情研发了太阳能电动摇蜜机（图 9-12），小型的一次可摇 2~4 张蜜脾，体积适中可随蜂场转地，太阳能获取电能储存到蓄电池里可供摇蜜机工作，定地转地饲养都很适合。我国目前中等以上规模的专业户一般饲养 160~180 群，如果手动摇蜜需要 2 天时间，而采用电动摇蜜仅用 1 天时间，极大降低

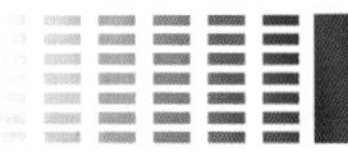

了劳动强度。太阳能发电是我国转地养蜂者普遍采用的供野外生活和生产使用的能源，为了更好地利用太阳能为转地养蜂生产解决实际问题，一套太阳能摇蜜机太阳能提供的能源能供给配套摇蜜机 2 天的工作能源，足以完成目前 9.6 米养蜂车饲养 240 群蜜蜂的专业户完成摇蜜工作。这套电动摇蜜机大约 1 500 元，普遍被养蜂户实践认可，也是我国目前最先进的摇蜜机械。

图 9-12　太阳能电动摇蜜机（和绍禹　摄）

随着我国养蜂业的快速发展，生产成熟蜜的要求越来越高，很多企业目前直接收购封盖蜜，然后在各自加工厂摇蜜。为了满足养蜂合作社和蜂蜜加工企业生产成熟蜂蜜的需求，云南农业大学和中国农业科学院蜜蜂研究所联合研发了一种高通量扇形斜卧式电动摇蜜机。它根据巢脾储存蜂蜜的特点，采用巧妙的力学原理，可将巢脾两面的蜂蜜在不用翻面的情况下一次摇出，40 框的摇蜜机 8 小时能摇蜜 6 吨（图 9-13）。

欧美发达国家养蜂主要分为三大类：业余爱好者（1 群 ~ 几十群）、副业养蜂（200~400 群）和职业养蜂（至少 1 000 群）。业余养蜂者占养蜂总数的 80%~90%，由于他们饲养数量少，仅生产自己食用的蜂蜜，加之发达国家公民创新意识强，摇蜜机的类型差异很大。

图 9-13　辐射式高通量扇形摇蜜机（和绍禹　摄）

对于副业和职业养蜂者来说，由于职业养蜂的规模大，蜂蜜生产基本上都采用机械化摇蜜，但机械化摇蜜机的形式也很多。2015 年笔者在澳大利亚访问时，一个饲养 700 群的蜂场，年产蜂蜜 200 多吨，每群产蜜量在 250 千克以上（图 9-14），自己家里有一个摇蜜车间。

图 9-14　澳大利亚一饲养 700 群蜜蜂蜂场摇蜜车间（李建科　摄）

2013 年笔者在美国密歇根州立大学学习期间，当地一职业养蜂人饲养约 2 000 多群蜜蜂，同样也在自己家里建有摇蜜车间（图 9-15）。如果采用人工摇蜜体力劳动不堪设想，这个摇蜜车间把机械化割蜜盖、摇蜜于一体，3 个人每天摇蜜至少 2 吨以上。

图 9-15　美国密歇根州一饲养 2 000 群蜜蜂养蜂人的摇蜜车间（李建科　摄）

在欧美国家，大型养蜂场普遍都是采用机械化摇蜜。一般情况下割蜜盖、摇蜜和蜂蜜过滤一体化。摇蜜机少则一次能摇几十脾，多则 200 脾（图 9-16）。随着我国养蜂业的不断发展，近年来一些上千群的养蜂场不断涌现，一些养蜂大户和一些蜂蜜加工企业也逐渐引进这些机械化摇蜜机械，这是我国蜂业今后发展的主要方向之一。

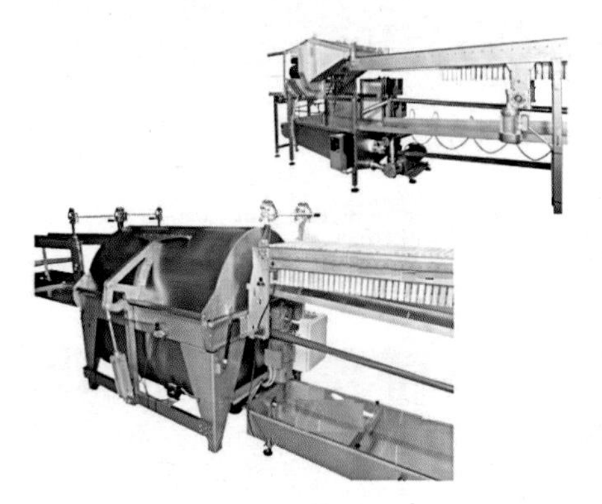

图 9–16　国外大型摇蜜机（李建科　摄）

第五节　巢蜜生产

巢蜜是经蜜蜂酿制成熟并封上蜡盖的蜜脾。通常是指用一种特制巢蜜格供蜜蜂生产的小块蜜脾，所以人们常称为“格子巢蜜”。它具有花源的芳香、醇馥鲜美的滋味。由于巢蜜未经人为加工，不易掺杂使假和污染，较分离蜜酶值高，羟甲基糠醛、重金属含量低，所以是比分离蜜更高级的营养性食品（图 9–17）。

A

B

C

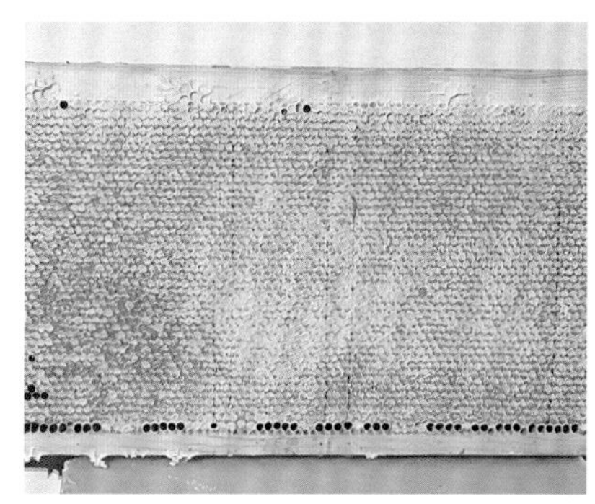

D

图 9-17 巢蜜（李建科 摄）

A 和 B 为格子巢蜜；C 为生产格子巢蜜的巢框；D 为整脾巢蜜

一、巢蜜生产的基本条件

生产巢蜜必须具备 4 个基本条件：蜜源充足、设备良好、蜂群强壮和掌握技术的养蜂人员。

1. 蜜源的选择

蜜源是蜂蜜生产的物质基础。生产巢蜜同样也要有充足的蜜源，并且不是每一种主要蜜源植物流蜜期都适宜生产巢蜜。蜂蜜不易结晶、味香色淡、花期长或泌蜜量大的蜜源，才适宜生产巢蜜。紫云英、荔枝、柑橘、刺槐、苜蓿、党参等蜜源植物比较适宜。有的蜜源植物虽然流蜜涌，但蜜质的可口性差，如荞麦、乌桕、桉树等一般不用来生产巢蜜。

2. 生产巢蜜的工具

生产巢蜜的设备有：巢蜜继箱、巢蜜格、薄型巢础、切巢础的模盒、巢蜜格框架或托架等。

3. 蜂群的选择

生产巢蜜要选择群势强大、蜂量密集、健康无病且具优良新蜂王的蜂群。最好选用采蜜力强、巢房封盖洁白、干型的蜂种。流蜜期到来的时候，蜂群群势最好有 15 框以上，用达脾 15 框的继箱群，并有适量的泌蜡蜂和大量采集蜂。

4. 掌握技术的养蜂人员

熟悉生产巢蜜技术和操作。只有这样，才能保质保量地生产好巢蜜。

二、巢蜜的生产步骤

1. 组织蜂群

当主要蜜源植物初花时，便开始组织蜂群准备投入巢蜜生产。将 2 个箱（育虫箱）减为 1 个箱体，撤去原来的继箱，将蜂王和面积大的封盖子脾和大幼虫脾留在巢箱里，其余的巢脾抖落蜜蜂后调给其他蜂群。再在巢箱上加已安好巢蜜格的巢蜜继箱。

2. 修造巢蜜格巢脾

主要蜜源植物已开花，但尚未流蜜，蜜蜂不愿上巢蜜继箱修造巢格脾。待流蜜盛期蜜蜂忙于造脾贮蜜，势必影响飞翔蜂采蜜，往往造成流蜜盛期已过，巢蜜格贮蜜未满，影响巢蜜产量。因此，在主要蜜源未流蜜之前，调整蜂群，加上巢蜜继箱，用足量的蜜水给蜂群进行补充饲喂，促使蜂群造脾。在有两个蜜源衔接的地区，可利用前一个蜜源造脾，后一个蜜源贮蜜。如长江流域生产紫云英巢蜜，可在油菜盛花后期造脾，紫云英开花流蜜时，即可贮蜜。采用巢蜜框架生产巢蜜时，在巢箱上一次加两层巢蜜继箱，每层放 3 个巢蜜框架，上下相对，与封盖子脾相间放置，巢箱里放 6~7 个脾。这样，蜜蜂较易接受造脾和贮蜜。随着主要蜜源植物大量开花流蜜，巢蜜格内的巢房逐

步加高，并开始贮蜜。当两层巢蜜继箱的巢蜜格贮满蜜时，将封盖子脾还回巢箱，撤走一个巢蜜继箱。此时巢箱保持 9~10 个脾，并以子脾为主。将巢蜜框架集中放在一个巢蜜继箱内。多余的蜜脾、半蜜脾抽出调给非巢蜜生产群。

采用 T 形巢蜜托架生产巢蜜，可以把一个有贮蜜的空脾蜜格放在继箱中心位置上，以诱导蜜蜂上巢蜜继箱加速修造巢蜜格脾，提高巢蜜生产的成功率，诱饵蜜格里的蜡颜色较深，质地较硬，不能和新生产的巢蜜一起在市场上销售。

3. 添加巢蜜继箱

当第 1 个巢蜜继箱的蜜格内贮蜜一半以上，主要蜜源仍处于流蜜盛期，要及时加第 2 个巢蜜继箱。第 2 巢蜜继箱加在第 1 巢蜜继箱的上面，等到第 2 继箱内巢蜜格脾造好时，将第 2 巢蜜继箱移到第 1 巢蜜继箱下面，巢箱之上。如果主要蜜源流蜜很涌，第 1 巢蜜继箱内蜜格贮满蜂蜜，已有部分封盖，第 2 巢蜜继箱充满一半以上蜂蜜时，照上述方法再添加第 3 个巢蜜继箱。

4. 控制自然分蜂

生产巢蜜用的是强群，生产期间只用 1 个育虫箱和 1~2 个巢蜜继箱，巢内比较拥挤，容易产生分蜂热。但由于巢蜜生产的需要，还必须迫使蜜蜂在拥挤的状态下工作。因而控制分蜂热不宜采用扩大蜂巢的方法，只能采取如下措施：蜂群必须用头年秋季或当年培育的优质蜂王，每隔 5~7 天检查蜂群一次，及时削净王台。如果同时生产王浆，采用框架生产的，可以加 2 个巢蜜继箱，用普通王浆框生产；采用 T 形托架生产的，则采用抽屉式采浆框生产王浆，扩大巢门。必要时，将巢蜜生产群里刚封盖子脾与一般生产群的幼虫脾或卵虫脾交换，增加哺育蜂的任务。也可以在巢蜜继箱上加一个空的巢蜜继箱扩大空间，对控制分蜂热也有一定的作用。

5. 控制封盖平整

蜜蜂往往喜欢在同一个方向接受造脾，或者把蜂蜜装在巢脾的后半部，前半部贮蜜较少。因而在外界流蜜较涌或饲喂不匀的情况下，容易出现封盖不平整的现象。为了消除这种现象，无论是用托架还是框架生产巢蜜，在每两行（或每框）之间要加一块薄木板（栅）控制蜂路，不让蜜蜂任意加高蜜房；每次检查调整巢继箱时，把巢蜜继箱前后调头，促使蜜蜂造脾，贮蜜均匀；主要蜜源流蜜很涌，应及时添加装有蜜格的继箱。

当主要蜜源即将结束，巢蜜格尚未贮满或尚未封盖完成时，必须用同一品种的蜂蜜饲喂。对于蜜格尚未贮满的蜂群可以早晚都喂，每次 1~1.5 千克。如果蜜格内已贮满蜜而待封盖时，可于每天晚上酌量饲喂，促使加速封盖。如果巢蜜格中部开始封盖，周围仍不完满，则要限量饲喂，不宜大量饲喂。饲喂期间，覆布不宜盖严，以便加强通风，排出水分。

6. 防止污染

巢蜜生产时期不应到使用农药的地方放蜂及使用抗生素防治蜂病。蜂群染病就立即换群生产，以防药物污染。饲喂的蜂蜜必须是纯净、符合卫生标准的同品种蜂蜜，最好用本蜜源生产群生产的稀蜜饲喂，饲喂器具应使用无毒材料制作，并防止有毒物质的污染。成品巢蜜注意防止巢虫为害。

三、采收与包装

巢蜜的采收和包装是其生产的最后环节，也是把握产品质量的最后程序，一般从以下 4 个方面进行。

1. 及时采收

巢蜜格贮蜜完满，并已全部封盖时，应及时取出。无论是框架式，还是托架式，巢蜜格封盖不可能在同一时间内完成，所以要分期分批采收，切勿久置蜂群中，以防止蜡盖上产生蜜蜂爬行的足迹。采收巢蜜时，用蜂刷驱逐蜜脾上的蜜蜂，动作要轻，切勿损坏蜡盖。如果蜜源好、蜂群强，管理得当，整个巢蜜继箱内的巢蜜格可以较一致地贮蜜和封盖，这种情况可以用脱蜂板或吹风机脱蜂。使用脱蜂板脱蜂的方法，可选择一个较弱的蜂群，在它的箱体上加一脱蜂板，上面放上几个封盖巢蜜的继箱，盖严箱盖。注意放在脱蜂板上的继箱四周

不能有任何缝隙，避免发生盗蜂。经过 1~2 天，全部蜜蜂通过脱蜂器爬出。这时可以把巢蜜继箱从蜂群上取下来，运到室内，进行整理和包装。如果天气十分炎热，在使用脱蜂板脱蜂时，继箱上可加一铁纱副盖，使箱内适当通风。并在箱顶盖上加遮阴，脱蜂时不喷浓烟，以免烟灰落入巢蜜。

2. 整修蜜格

巢蜜采收回来后，用不锈钢薄刀把巢蜜格逐个刮去边沿和四角上的蜡瘤、蜂胶。刮不掉的蜂胶污迹，用纱布浸稀酒精擦除。

3. 杀虫去湿

巢蜜清理干净后，需立即进行杀虫处理，防止遭受蜡螟幼虫（巢虫）的破坏。中蜂巢蜜尤须特别注意。冷冻可以杀死蜡螟的卵和幼虫。在冷冻之前，将巢蜜装入无毒食品塑料袋密封，既要防止冷库或冰柜内其他食品气味污染，又要防止冷凝水汽存留在巢蜜封盖表面。在 -20~-15℃下冷冻 24 小时。目前美国推广的防巢虫的方法是二氧化碳熏蒸，要求在严密的室内进行，在 37℃、相对湿度 50% 左右，使熏蒸室内二氧化碳浓度保持 98% 持续 4 小时，即可将蜡螟杀死。高浓度的二氧化碳可使人窒息死亡，所以熏蒸时要求室内严密不透气，有排风扇。熏蒸后入室前要将二氧化碳排出，通入新鲜空气。

在高湿季节生产巢蜜，常会遇到蜂蜜发酵的问题，所以要采取减少含水量去湿的措施。其方法是：在密闭不通气的房间内，安装去湿机、电加热器，窗上装排气扇。将巢蜜继箱放在木条架上，各继箱按十字形叠起，或上下箱体错开，使箱体四周和箱内的空气都能流通。先开动加热器，使室温保持在 25℃左右，打开去湿机，把室内空气湿度降低。巢蜜的含水量降低到 18% 以下，关掉加热器、去湿机。最后把巢蜜继箱加回蜂群让巢蜜封盖。

4. 检验包装

经过整修、杀虫的巢蜜，逐个进行挑选，按巢蜜的外表平整、封盖完满程度、颜色均匀、格子的清洁度、没有花粉房、不结晶、不含甘露、重量等标准分级，剔除不合格产品。将符合标准的巢蜜，分别用玻璃纸或无毒塑料封装，放入有窗口的硬板纸盒或无毒透明的塑料盒内，用胶带纸封严。

四、贮存与运输

巢蜜十分娇嫩，遇高温易熔，震动碰撞易破损。损坏后不仅失去商品性，还会污染其他物品。巢蜜包装盒要特制，包装盒间有填充物，以缓冲震动碰撞的损坏。要放在阴凉、干燥、通风的地方，库温低于 20℃，按品种、等级分装堆放，完全按食品的要求贮存。包装物要有防日晒、怕火、防雨、轻放的标志。运输过程中尽量减少震动和碰撞，要苫好、垫好，避免日晒雨淋。

五、巢蜜的种类

巢蜜通常指的是格子巢蜜。此外还有大块巢蜜、混合块蜜和切块巢蜜。

大块巢蜜是用浅巢框生产的整张封盖的蜜脾。生产方法及其蜂群的管理，除了生产工具略有不同外，基本上与框架生产巢蜜的方法一样。同样注意控制分蜂热；防止蜂王爬到大块巢蜜继箱内产卵；防止向大块巢蜜中贮存花粉。大块巢蜜可以批发给包装商，也可以把整框巢蜜用蜡纸或玻璃纸包装或装在有窗口的特制纸板盒内，供给顾客选用。也可将大块巢蜜切成小块，以混合块蜜和切块巢蜜的形式出售。

混合块蜜就是把切块巢蜜和分离蜜一同装在一个容器内出售。要求巢蜜和液态蜜的色泽一致，巢蜜应占容量的 50%，以浅色不结晶的蜂蜜为好。切块巢蜜就是将大块巢蜜按重量要求切成大小不同的蜜块，放在有浅盘的硬纱网上滴干黏附在切割边缘上的液态蜜，或放在特制的分蜜机上用离心力把滴蜜甩干。用玻璃纸或透明的无毒塑料袋（盒）包装出售。也有将切块巢蜜滴干后镶入巢蜜格，在流蜜期放回蜂群让蜜蜂修整成格子巢蜜的。

第十章 蜂王浆生产现代化

自 20 世纪 20~30 年代意大利蜜蜂（意蜂）被引进我国以来，通过建立蜜蜂良种繁育体系，普及推广蜜蜂优良品种，意蜂现在已成为我国的当家蜂种，对推动我国养蜂业的发展，尤其是蜂王浆生产在世界上的领先地位作出了巨大贡献。蜂王浆是我国在 20 世纪 50 年代学习参考法国的文献资料进行生产的，于 1957 年开始试生产王浆，当时是采用人工育王的方法，用组成的无王群生产，因管理麻烦、成本高、产量也有限。1958 年中国农业科学院蜜蜂研究所成立后就把蜂王浆的生产技术和医疗作用的研究列为重点课题，1959 研究成功以有王群生产王浆的技术，使生产蜂王浆和采收蜂蜜相结合，既提高了产量又降低了成本。在推广这项新技术的同时，又遇到了养蜂人员怕降低产蜜量、影响蜂群繁殖以及管理麻烦的思想顾虑。1960 年进一步研究证明，在主要流蜜期生产蜂王浆，能有效地抑制蜂群造自然王台和发生自然分蜂，不但不减少采蜜量，反而较不生产王浆的对照组蜂群增产蜂蜜 5% ~11%。连续 3~4 个月生产蜂王浆的蜂群，由于饲料消耗较多，比对照组减产蜂蜜 2%，差异不明显。蜂王浆的单位价值比蜂蜜高 60~100 倍，养蜂场生产蜂王浆可使收入成倍增加。然而 20 世纪 60~80 年代蜂群的蜂王浆单产较低，群批产 10 多克是正常产量，20 克已算高产，比 60 年代初增长不到一倍。蜂王浆成规模生产是在 1979 年，年产 150 吨左右，此后产量增加很快，至 1990 年产浆量才开始大幅提高，高产的比 20 世纪 80 年代初提高 5 倍以上，现在群批产浆 200 克已屡见不鲜。目前我国以生产蜂王浆为主的蜂场每

群年产 8~9 千克蜂王浆已是普遍现象。迄今为止，我国年产蜂王浆 4 000 多吨，占世界总产量的 90%以上，这主要归因于以蜂王浆高产蜂种为龙头的蜂王浆高产配套技术。

自从 20 世纪 50 年代人们认识到蜂王浆对推动人类健康、提高养蜂生产的经济效益具有重要意义以来，全球的蜂业科学工作者投入大量精力研究蜂王浆高产的方法。早在 1986 年年底，中国农业科学院蜜蜂研究所的专家到浙江调查，与浙江大学动物科学学院（原浙农大牧医系）教师到平湖调研时发现，平湖养蜂专业户王进和周良观 2 人分别对饲养的意蜂进行 20 多年定向选择，提高了蜂群王浆的平均产量，比普通饲养的意大利蜜蜂的产浆量显著提高，1987—1988 年先后在北京、平湖、杭州用 8 组 112 群蜜蜂进行试验，结果表明经选育的平湖意蜂较普通意蜂产浆量平均提高 80.2%；后来在全国出现大量的有关引进平湖意蜂后蜂群产浆量大幅提高的报道。此后的研究发现平湖浆蜂的咽下腺活性较普通意蜂高 61.1%，且腺体保持活性较普通意蜂时间长。在此基础上，经我国蜂业科技工作者和养蜂人的不断选育，使其生产性能更加稳定。泰国的研究人员发现采用从中国进口的意大利蜜蜂较从美国进口的意大利蜜蜂的蜂王产浆量高，同时，也证明了利用塑料台基生产蜂王浆产量高。迄今为止，浆蜂已成为当今世界上产浆性能优良的蜂种，该蜂种已成为提高蜂群产浆量最为重要的因素。与此同时，对蜂王浆生产技术的研究也有大量报道。早在 20 世纪 80 年代，生产蜂王浆是利用蜡质台基生产，但这种方法费工、费时，生产效益低下，随后发现使用塑料台基生产，蜂群的台基接受率、产浆量均极显著高于蜡质台基，这为蜂王浆的规模化生产奠定了良好的基础。工蜂分泌蜂王浆是头部的咽下腺消化花粉和蜂蜜后的腺体分泌物，因此，蜂群生产蜂王浆必须有足够的花粉供蜜蜂食用，日本的研究发现，花粉团在蜂群中的饲喂位置与蜂王浆产量有关，将花粉团放在子脾之间饲喂较放在巢脾上梁饲喂产浆量提高 20%~35%；蜂王浆产量与蜜蜂的花粉采集量呈正相关关系，即蜜蜂采集花粉越多产浆量就越高。蜂群大小对产浆量有显著影响，产

浆群的蜜蜂应保持适当的密度，蜂群的产浆量、台浆量随蜂群群势的增加而上升，但蜂王浆产量随蜂王年龄的增加而下降。产浆蜂群里的台基数量也是制约产浆量的另一因素，产浆群的台基数量应保持适当，20 世纪 90 年代初的研究认为在 7 脾群蜂里的台基数为 102 时，台基接受率和产浆量最好，但后来随着我国浆蜂性能的不断提高，每群蜂可放台基数也在不断提高，20 世纪 90 年代末约为 125 个台基，随后增加到 165 个台基，目前很多蜂王浆生产蜂场的每群台基数为 200~300 个，蜂群仍然能维持很高的接受率，尽管台浆量随台基数量的增加而下降，但蜂群总产浆量与台基数量呈正相关关系。研究表明，8 日龄的工蜂才具有泌浆力，11 日龄时进入泌浆旺盛时期，16~17 日龄工蜂的泌浆力达到高峰，21 日龄后失去泌浆力，所以 11~21 日龄的工蜂是产浆的最佳时期；采用不同的蜂王浆生产周期的研究证明，在同时给台基移入 1 日龄以内幼虫的前提下，移虫后 72 小时的产浆量显著高于 48 小时；产浆周期短，所移幼虫就大，即 48 小时取浆周期移 2~2.5 日龄幼虫，72 小时取浆周期所移幼虫应在 1~1.5 日龄时，2 种取浆周期的产浆量没有差异，但 48 小时取浆周期费力、费时、浪费蜜蜂幼虫；以 72 小时为生产周期时，在 66~72 小时取浆，蜂群的产浆量没有差异，因此，在移虫后第 3 天的任何时间取浆对产浆量没有影响。在蜜源充足、蜂群较强的条件下生产蜂王浆，产浆框的两侧排列任何巢脾对哺育蜂的分别和台基接受率没有任何影响，这样在产浆过程中免去了不断调整巢脾的环节，给生产管理带来便利。

综上所述，提高蜂王浆产量除了饲养优良蜂种外，其他的饲养管理措施也同样重要。目前我国已实现蜂王浆的规模化生产，并形成了成熟的蜂王浆高产综合配套技术，这一技术目前居世界领先水平。目前在我国浙江、江苏和安徽等地专业蜂王浆生产者，每群蜂的年产量都在 10 千克左右（图 10-1）。例如浙江一养蜂户饲养 200 多群蜜蜂，以产浆为主，每年的蜂王浆总产量都在 2 吨多。

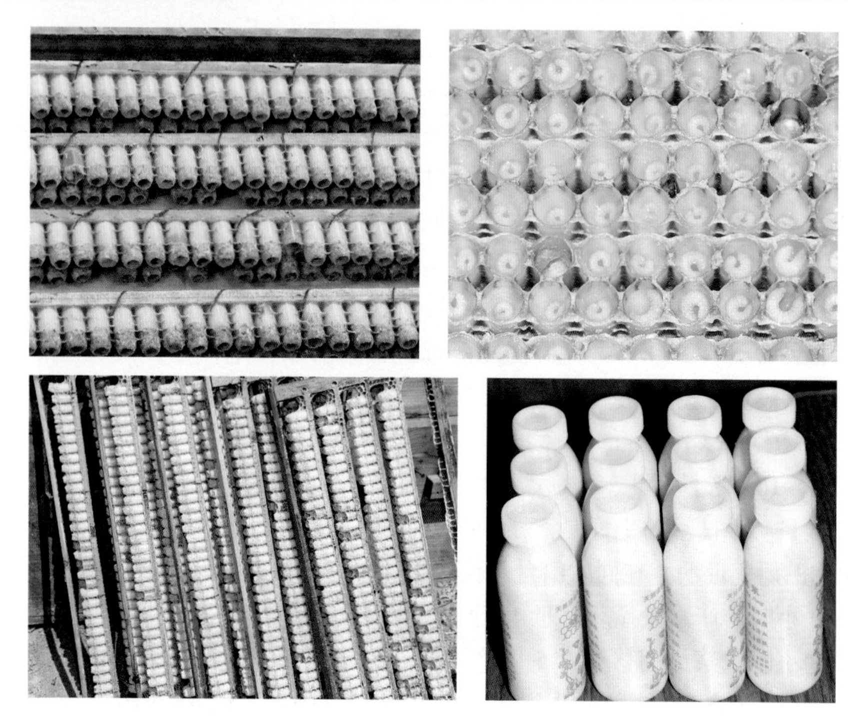

图 10-1　我国典型的蜂王浆生产（李建科　摄）

第一节　蜂王浆生产程序

一、组织产浆群

蜂群经过新老蜂的更换，新蜂不断增多，群势日益增强；外界气温日趋增高并趋于稳定；蜜粉源相继开花，蜜蜂饲料不足，已具备生产蜂王浆的条件。在检查蜂群时用隔王板将继箱与巢箱隔开，蜂王放在巢箱里产卵，为繁殖区。继箱里留 2 框蜜粉脾，1~2 框封盖子脾，1~2 框大幼虫脾放在中部浆框两侧，即可生产蜂王浆。一般情况下，蜂群越大产浆量越高，但随着浆蜂高产蜂王浆性能的不断提高，10~15 脾的群势已足够，群势再大将会增加饲料的消耗（图 10-2）。

图 10-2　标准的产浆群（李建科　摄）

二、适龄幼虫的准备

为保持产浆群的强壮，稳定持续地生产蜂王浆，减少移虫的麻烦，提高移虫效率，必须组织幼虫供应群。幼虫供应群可以是单王群，也可以是双王群，采用蜂王产卵控制器易取得适龄幼虫。即在移

图 10-3　适龄幼虫（李建科　摄）

虫前 4~5 天，将蜂王和适宜产卵的空脾放入蜂王产卵控制器，工蜂可以自由出入，蜂王被限制在空脾上产卵 2~3 天，定时取用适龄幼虫和补加空脾（图 10-3）。

三、王浆框的安装

采用塑料台基条取浆，可用细铅丝绑或万能胶粘，固定在王浆框的木条上，根据群势每框安装 3~10 条。在移虫前将安装好台基条的王浆框放进蜂巢让蜜蜂打扫 24 小时以上。蜂王浆产量低的可用单排台基条，但目前使用双排台基条已越来越普遍。近年来随着蜂王浆机械化的快速发展，目前已经开始使用全塑料王浆框，这样更便于取浆机机械化取蜂王浆（图 10-4）。

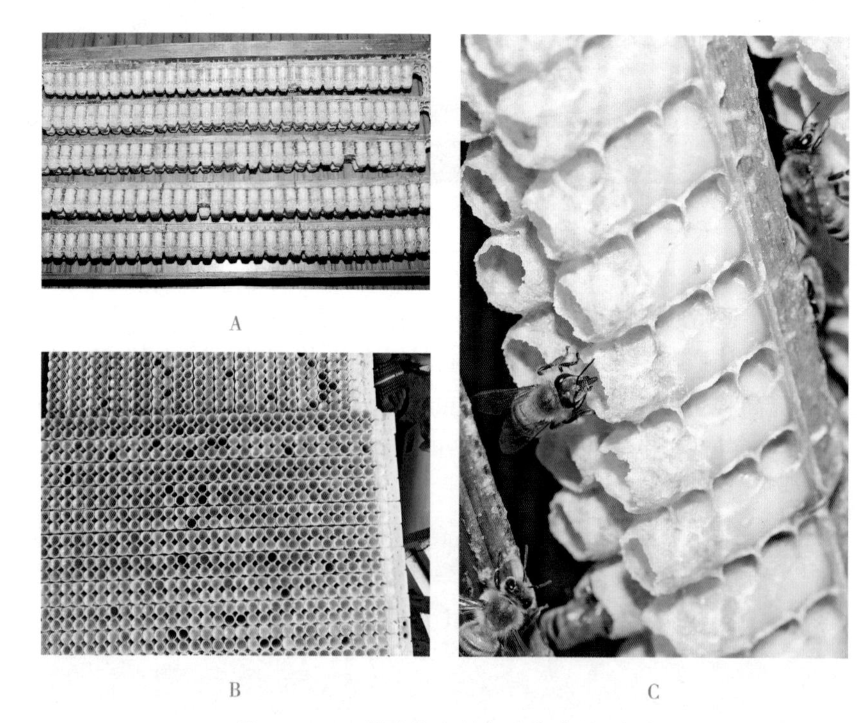

A

B

C

图 10-4　双排全塑台基条（李建科　摄）

A 为新型的全塑台基条；B 为台基条割掉蜡盖并取出幼虫后台基内的蜂王浆；C 为双排台基条

四、移虫

从蜂群取出清扫好的王浆框，可先用排笔给台基里刷些蜜或王浆；从供虫群提出供虫脾，用弹簧移虫针针端顺巢房壁直接插入幼虫体底部，连同浆液提出，再把移虫针伸到台基底部经压弹性推杆，便可连浆带虫推入台基底部。依次一个接一个把幼虫移入台基（图 10-5）。移好虫的王浆框，尽快放入产浆群继箱的两个幼虫脾之间。第一次移虫接受率不会很高，经过 2~3 小时后再补移一次幼虫。移虫前一晚上给蜂群奖饲糖浆是提高王台接受率的关键。

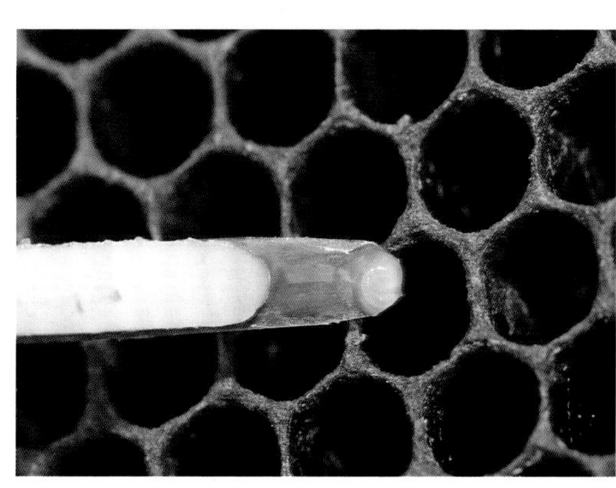

图 10-5　目前普遍采用的人工移虫（李建科　摄）

五、取浆

取浆前把取浆场所打扫干净，取浆用具和储浆器具用 75% 酒精消毒。移虫后 68~72 小时即可取浆。从蜂群中取出王浆框，轻轻抖落工蜂，初学者可将台口朝上抖蜂，再用蜂扫扫落剩余的工蜂，把王台条取下或翻转 90°，用锋利的割蜜刀顺台基口由下向上削去加高部分的蜂蜡，逐一轻轻钳出幼虫，注意不要钳破幼虫，也不要漏掉幼虫，然后用竹片或刮浆片取浆。在有条件的地方，用真空泵吸浆器取浆。取浆后的浆框，若台基内壁有较多赘蜡，先用刮刀旋刮干净后随即移虫再放回产浆群（图 10-6）。

图 10-6　取浆过程（李建科　摄）

A 为割掉台基口蜡盖；B 为夹出台基内幼虫；C 为用塑料取浆勺从台基里挖蜂王浆；D 为未接受台基内的蜂蜡进行清理

六、过滤

取浆过程中往往把一些蜡渣或漏挑的幼虫混进蜂王浆内，影响蜂王浆质量。有条件的蜂场，用 100~200 目的尼龙网袋过滤王浆，将王浆中的蜡渣等杂质过滤掉。经过滤的蜂王浆按 1 千克装进无毒塑料袋，以免日后装时反复冷冻解冻，造成王浆品质的下降（图 10-7）。

图 10-7　不含蜡渣幼虫的蜂王浆（李建科　摄）

七、冷藏

过滤分装的蜂王浆及时放进 -25℃低温下冷藏（图 10-8）。一般从采浆到过滤分装冷藏不超过 4 小时，以减少蜂王浆中活性物质损失，尤其是蛋白质的降解。无冷藏条件的养蜂者，采浆后可不过滤，保持王浆的原状，及时送交收购单位。收购单位可先过滤后冷藏。随着我国经济和社会的发展，养蜂人的生活条件也有很大改善，定地生

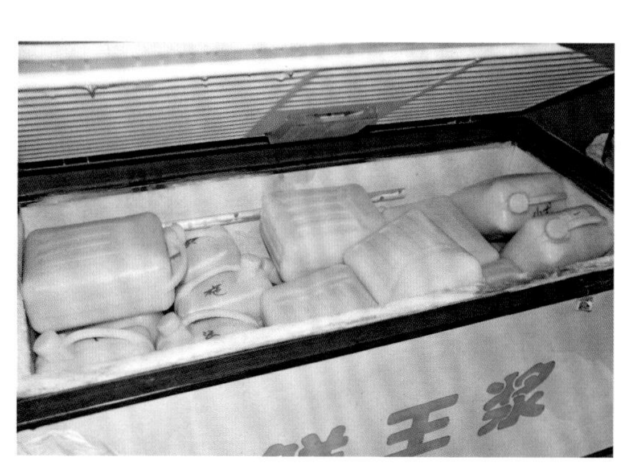

图 10-8　合作社提供转地蜂场电冰箱，及时冷藏蜂王浆（李建科　摄）

产蜂王浆及时冷藏问题不大，但转地放蜂要建立与常去地区合作社或收购单位的联系，及时收购，同时有些地方的收购商会给提供电冰箱，组织一定数量的蜂场每天把生产蜂王浆及时冷冻。由于生产水平的提高，一个蜂场每天生产 5~15 千克蜂王浆已很普遍，所以及时冷藏对保持蜂王浆的新鲜度和活性至关重要。

第二节　蜂王浆优质高产关键技术

影响王浆产量的因素很多，提高王浆产量的内容也涉及很广，生产中从以下 8 个方面着手方可取得高产。

一、增长产浆期

产浆期是从每年开始生产王浆开始之日起，到生产结束之日为止的一段时间。增长产浆期实际上就是维持强群的时间。在蜜源条件尚可的条件下，延长产浆期就能提高蜂王浆产量。河南、河北、山东等省一般情况下从 4 月 1 日到 9 月中旬这 5 多个月可进行王浆生产；而在浙江一带每年可达 7 个半月的产浆期；台湾地区有 9 个半月以上的产浆期。生产王浆群势必须强盛，要增长产浆期必须增长群势强盛阶段。

二、使用高产全塑台基条

自从 20 世纪 80 年代我国研发了塑料台基条以来，蜂王浆生产普遍应用全塑台基条替代以前的蜡质台基，大大节省了制作台基的时间、提高了使用效率。高产全塑台基条的应用使王浆生产的效率极大提高（图 10-9）。

三、因群制宜量蜂定台

蜂王浆的群产量 = 接受台数 × 台浆量，可以看出蜂王浆产量随接受台数和台浆量的增加而增加。所以，在台浆量不变的情况下，可以用增加接受台数来增加王浆产量。增加接受台数有两个办法，一是

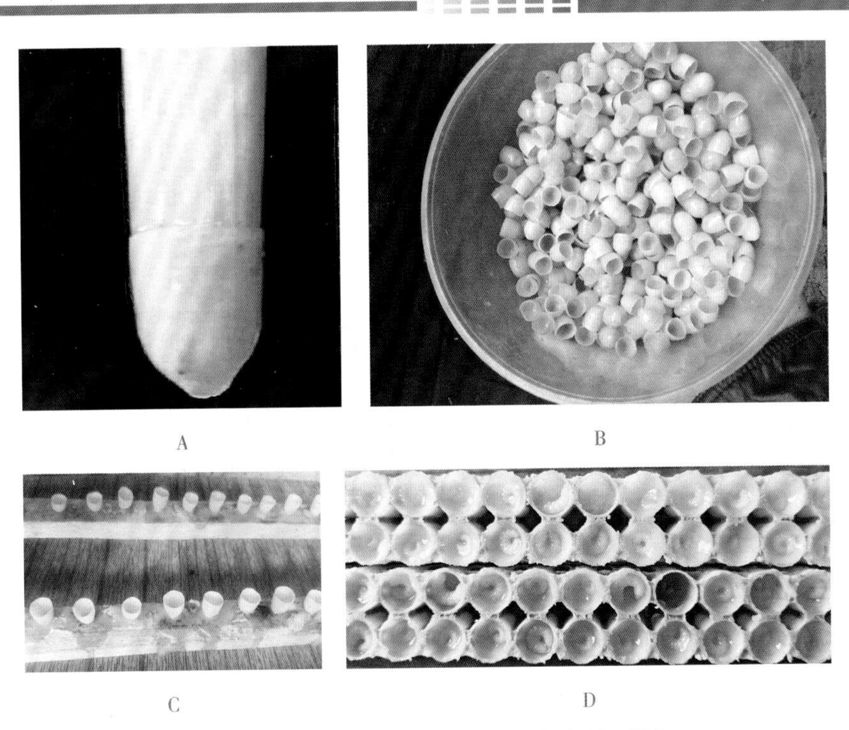

图 10-9　蜡质台基与全塑台基（李建科　摄）

A、B 和 C 为曾经使用蜡质台基进蜂王浆生产；D 为目前普遍使用的全塑台基条

提高现有台基的接受率；二是增加台基条数。增加台基条数在单框生产时，如果采用单排台基条，一般是原有 4 条或 3 条的可以增加到 5 条。在增加到 5 条还觉得不够时，可用加 2 个或 3 个产浆框生产，每个产浆框也可以由 3~5 条台基条构成。如果采用双排台基条，一条上面的台基数是单排台基条的 2 倍，现在双排台基条使用很普遍，所以增减台基数实际上就是采用几个台基条的问题，一般在蜜源好、群势强的情况下，台基数量多一些。群势强，泌浆蜂多，可采用 2 框或 3 框生产，并能明显提高王浆产量。但接受台数和台浆量是成反比的。接受台数随台浆量增加而减少，台浆量随接受台数增加而减少。在群强、台数不太多时，增加接受台数，台浆量下降甚微或没有下

降，可明显提高产量，但接受台数增加到一定数量，台浆量就会明显下降，这时再增加接受台数已不能增产或者反而减产了。所以增加接受台数，包括补虫提高接受率和加双框甚至三框，要适可而止，在增加接受台数增加的产量接近台浆量下降的数字前就应停止，免得劳民伤财（图 10-10）。

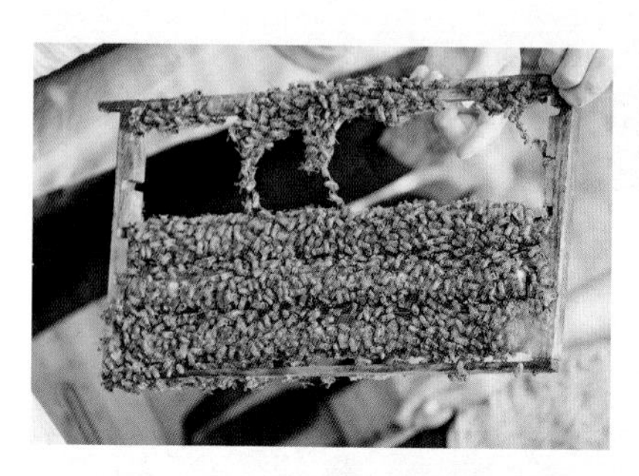

A

B

C

图 10-10　根据群势和蜜源采用不同数量的台基条生产蜂王浆（李建科　摄）
A、B 和 C 以此为 3、4、5 个台基条

四、饲养蜂王浆高产蜂种

蜂种是蜂王浆高产的核心，即使技术再高明，蜂种不行也很难取得高产。我国目前的浆蜂，每群年产量很容易达到 10 千克，可是同样的技术在非浆蜂的蜂群则很难实现这一目标。新西兰、法国现在也

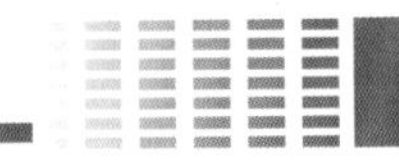

有商业化生产蜂王浆的蜂场，如新西兰一个公司，通常600群蜜蜂可年产300千克蜂王浆，产量较我们差近20倍。其主要原因是他们没有蜂王浆高产蜜蜂。作为以生产蜂王浆为主的蜂场应饲养蜂王浆产量高的蜂种。这种蜂种不但在流蜜期表现高产，在非流蜜期也能高产，同时也应注意其王浆的内在质量。目前最捷径的方法是引种。

五、保持蜜粉充足不断进行饲喂

蜜蜂分泌蜂王浆如同奶牛泌乳，需要消耗大量的营养，即花粉和蜂蜜。蜜源丰富的大流蜜期，不但是夺取蜂蜜丰收的时机，而且也是生产王浆的黄金时期。一般不进行奖饲同样可以取得高产。但是在辅助蜜源或无花期就应保持蜜、粉充足，不断进行饲喂才能获得高产。

六、蜂王浆生产工厂化

以蜂王浆生产为主的养蜂场，实施工厂化生产王浆，能提高经济效益，减轻养蜂员劳动强度，提高王浆的产量和质量，工厂化的主要内容是：蜂场车间化；管理规范化；操作程序化；蜂机具系列化。

1. 蜂场车间化

定地或小转地养蜂，可以创造一个车间式蜂场，或几个车间式蜂场。第一，给蜂箱搭建永久性的蜂棚，蜂棚的高度以2米为宜，坐北朝南，北面最好有墙挡风，长度以蜂箱多少而定，南北宽度约在2米左右。地势要高燥，前面开阔，不要有大河，或汽车流量很大的公路，四周较为洁净。这样的好处是养蜂员的工作可以不受天气影响，可减轻劳动强度，温度和湿度相对稳定，有利于蜂群正常生活和生产，蜂箱不直接受日晒、雨淋，寿命会延长。第二，建造操作间，要求干燥、明亮、清洁，作为摇蜜、取浆、移虫之用，内置养蜂各种必需用品，作为养蜂员生产、生活场所。第三，建设一个储存蜜、糖，放置蜂箱巢脾的库房，要求干燥，能防盗蜂、老鼠。另外最好是交通方便，并有可靠的运输工具。

2. 管理规范化

以生产王浆为主的定地蜂场，应制定规范，如开箱、查蜂、育王、介绍蜂王、摇蜜、取浆、移虫等操作规范。

3. 操作程序化

养蜂员按程序、有计划、有条理地操作，能提高劳动生产效率，提高经济效益和管理水平。而程序化操作的制定，要根据蜂场大小、劳力情况和技术水平等情况灵活运用。如一个养蜂员管理 40 箱王浆生产群，王浆生产周期为 3 天，单框生产的管理，可把蜂群分为 4 组，每组 10 群，在 3 天周期中，第一天取浆移虫两个组 20 群蜂，这一天上午，先查第一组的蜂，查蜂时带上起刮刀等工具，根据规范执行，每群调整两张幼虫脾到继箱，等移虫用，每群两张，每组 20 张，足够移两组浆框，已封盖的子脾调入巢箱，查蜂后就取浆。这天下午取第一、第二两个组的王浆（20 群），第二天查第二组的蜂，取第三、第四组的浆（20 群），40 群蜂两天内完成取浆移虫，第三天空余，作为其他工作和弥补前两天工作之不足。第一个产浆周期查两组蜂，第二个王浆生产周期再查两组，6 天查完。如果要割雄蜂，连割两个周期，停两个周期。割雄蜂周期相隔 12 天，依此类推。如果治螨，特别是小蜂螨，结合割雄蜂时进行。既有利于割雄蜂脾，又省去了专门去治螨的麻烦。上下对调子脾每 6 天进行 1 次，正好两个产浆周期，如此循环，周而复始，有条不紊。经过程序化操作，不用为找移虫子脾而翻箱，也不必专门去割雄蜂、治螨及强弱调整了，劳动效率可以大大提高，又减少了翻箱次数，对预防盗蜂有利。其他还有全年操作程序，例如何时育王，何时关王，何时分群，何时产浆，何时停止产浆，都可以根据实际情况制定程序去努力实施。

七、定地为主结合转地提高产量

从增加王浆产量出发，蜂不离花非常重要，从便于产浆操作和程序安排出发以定地饲养最为方便。所以把蜂群放在常年花源不绝流蜜不止的处所最为理想。然而，自然界很难找到这种场所。常年定地饲养，往往会出现短期的断蜜期甚至断粉期，断蜜期和断粉期虽然可以通过人工饲喂糖浆和天然花粉或人工花粉维持王浆生产，但王浆产量总没有自然蜜粉源时高，而且饲料成本增加，管理工作麻烦，又易发生盗蜂等。因此在蜜粉断绝期可把蜂群转地到其他有蜜源的地方。所

去的场地以交通方便、运程较近和花源连绵不断，泌蜜散粉丰富的处所最为理想。

八、提高产浆操作水平

1. 适时调整产浆群

蜂王浆生产群内，王浆框边放的大幼虫脾，会很快封盖，封盖子也要陆续出房，群内布局不断发生变化，所以，一般每生产 1~2 批王浆，就要调整一次巢脾。把正在或将要出房的封盖子和巢箱里的大幼虫脾进行调换，万一群势下降，还要及时撤出多余的巢脾，保持蜂脾相称或蜂多于脾的状态。但现在通常的做法是巢箱放 7~8 个脾，保持 5 个左右的子脾，蜂群就不会下降，也不需要上下巢脾进行调换。储蜜存粉不足时要饲喂，王浆框边的蜜脾封盖要割开。

2. 根据群势确定王台数

每群蜂的王台数量，要根据季节、花期、群势和蜂王等具体情况决定。在不利王浆生产的季节、花期、群势较弱的新王群，王台数量可少些。增加或减少台基数量的依据是每个台基的蜂王浆量，当每个台基的蜂王浆量都超过塑料台基的高度时，并且在割蜡盖时会割掉一部分蜂王浆，说明台基数量偏少，应再加台基数量；相反，当每个台基内的蜂王浆量下降到一半以下，就要减少台基数量。

3. 加强产浆群的管理

蜂王浆高产的核心是强大的蜂群。要提高王浆产量，必须加强产浆群的管理。具体的管理工作有：初次产浆补虫工作是提高每框王浆产量的重要措施之一，移虫后 2~3 小时就要提出王浆框进行检查，对没接受的台基进行补移幼虫，给没有幼虫的新台基中洒些清水，有降低巢内温度和增加湿度的明显效果，可提高接受率和王浆的产量。往群内插浆框时，注意不要让台基口偏向两侧，保持垂直向下。

4. 整框清杯

经过使用的老塑料台基，虽然接受率较好，但是生产 6~7 批后，浆垢增多，继续使用易影响王浆的质量，必须把台基中的浆垢用薄铁片清除。

第三节　蜂王浆生产机械化

蜂王浆生产机器消耗体力、劳动强度虽然不大，但持续时间很长，况且一旦蜂群开始取浆，整个生产季节基本不会停下来。其中耗时最长、难度最大的是移虫环节，因为技术性较强，既要把虫移活又要保证速度。同时从台基里把蜂王浆挖出来也要耗时很长。因此，近年来我国一些蜂具企业和科研工作者一起，先后研发了割盖机、钳虫机、挖浆机和移虫机，这些机械已在生产中被采纳并显示出高效的生产效率，极大地减去了蜂王浆生产的劳动强度（图 10-11）。移虫机

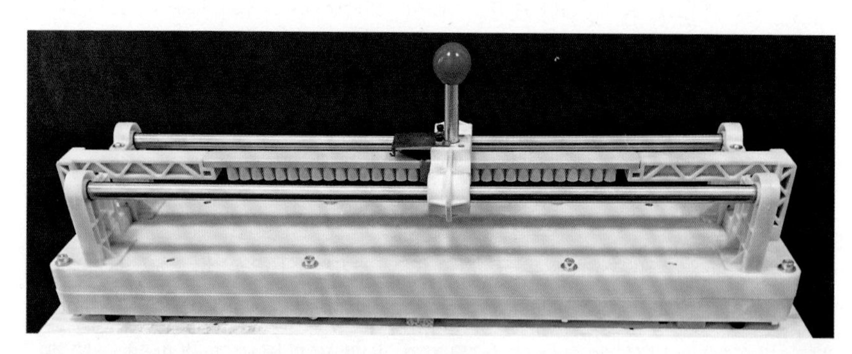

A 割盖机

B 钳虫机

C 挖浆机

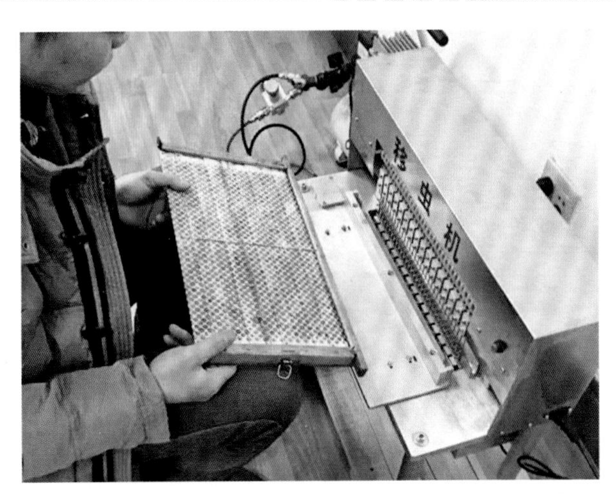

D 移虫机

图 10-11　蜂王浆生产机械（王俞兴　提供）

的移虫接受率在 92% 以上，移一根 64 空的台基条仅需 6 秒钟，1 小时可以移 64 空台基条 600 根。将幼虫钳好的 64 空台基条，挖浆机 40 分钟可以将 12 千克蜂王浆挖好。割台基盖可在很轻松的情况下把台基口上被蜜蜂加高的蜡质台基割下来。钳虫机可以实现在极高速度下把台基内的蜂王浆幼虫钳出。

第十一章 蜂花粉和蜂胶生产现代化

第一节 蜂花粉和蜂胶优质高产关键技术

花粉是种子植物雄蕊所产生的雄性生殖细胞，含有极其丰富的营养物质，是蜜蜂及其幼虫生长繁殖所需的蛋白质、维生素、脂肪的主要来源。蜂花粉是指蜜蜂采集的花粉粒，装在后足的花粉筐里带回蜂巢的团状花粉（图 11-1）。

一、采收花粉时期的选择

由于各种粉源植物的花粉量不一致，在蜂群的活动季节，有时采回巢内的花粉过多，以致限制了蜂王产卵，影响蜂群的发展。这时，可生产商品花粉。春季油菜、柳树花粉量多，但正值蜂群繁殖期，蜂群需要大量花粉，只可酌情少量生产商品花粉。夏季以后的油菜、玉米、党参、芝麻、向日葵、荞麦和茶树等蜜粉源植物开花时，可以大量生产商品蜂花粉。南方山区夏秋季节粉源植物繁多，除主要的粉源玉米、茶花等知名的花粉可采集生产外，其他杂花粉除有毒品种，都可作商品花粉采收，并可留作蜜蜂饲料。

二、采收花粉的方法

目前常用的方法是用花粉截留器（脱粉器）截留蜜蜂携带回巢的

图 11-1　不同种类的蜜粉源植物（李建科　摄）

花粉团。脱粉器种类较多，大致可分为：巢箱下放置的箱底脱粉器；蜂箱进出口放置的巢门脱粉器。选择脱粉器可根据蜂场的经济条件、习惯及需求，自行选定。通常要求脱粉器脱粉效率要高，不伤害蜂体，能保持粉团卫生整洁，不易混入杂质，容易操作，便于安装和携带。

脱粉器主要部件是脱粉板，脱粉板上的脱粉孔对生产花粉效率影响最大，其孔径过大，脱粉效率就低；孔径过小，蜜蜂出入困难，还会刮掉黏附花粉的绒毛，甚至蜜蜂的肢节，影响采粉。所以脱粉器上的脱粉孔径大小应该是：不损伤蜜蜂、不影响蜜蜂进出自如、脱粉率达 90% 左右。脱粉率太高，蜜蜂带回箱内的花粉就少，若在后期一直不停地脱花粉，可能会影响蜂群正常生活；脱粉率太低，不利于花粉生产。所以西方蜜蜂的孔径为 4.7~4.9 毫米，中华蜜蜂的孔径为 4.2~4.4 毫米。安装脱粉器时，要求安装牢固、紧密，脱粉器外无缝隙，如安装巢门脱粉器时，脱粉板应紧靠蜂箱前壁，阻塞巢门附近所有缝隙，蜜蜂只能通过脱粉器孔眼进入巢内，以免影响脱粉效果。同一排蜂箱必须同时安上或取下脱粉器，不然会出现携带花粉团的蜜蜂朝没有安脱粉器的蜂箱里钻，造成偏集而导致强弱不均。初安脱粉器时，蜜蜂会因不习惯而出现骚乱，一般经过 2~3 天采集后蜜蜂就会逐渐适应（图 11-2）。

A

B

C

D

图 11-2　不同的脱粉方式

A 和 B 为巢门脱粉；C 和 D 为箱底脱粉

三、采收花粉蜂群的管理

1. 合理调整群势

生产花粉与生产蜂蜜一样，必须有大量的适龄采集蜂。为此，开始生产花粉前 46 天就应为生产花粉培育大量的适龄采集蜂。在生产花粉前 15 天或进入生产花粉场前后，从强群中抽出部分带幼蜂的封盖子脾补弱群，把弱群补成 10 框蜂左右，生产花粉的蜂群在增殖期以中等群势效率较高，不像生产蜂王浆、蜂蜜那样群势要求越强越好。当蜂群进入增殖期，蜂王产卵旺盛，工蜂积极哺育蜂儿，巢内需要花粉量较大，外勤蜂采集花粉的积极性较高。在这种情况下，气候正常、外界粉源充足，5 框以上的蜂群就可以生产花粉了，8~10 框群势的蜂群生产花粉的产量较理想。用箱前壁内缘下的巢门脱粉器，一般不会出现骚乱。

2. 淘汰老、劣蜂王，换入新蜂王

生产花粉必须是有王群，并且要有产卵力强的优良蜂王。所以在生产花粉前，应将产卵性能差的老、劣蜂王淘汰，换入新蜂王。群内长期保持有较多的幼虫，以刺激蜜蜂积极采集花粉。双王群生产花粉，两区同时安装脱粉器，以防蜂群发生偏集。

3. 蜂巢内保持饲料蜜充足

生产花粉期间，如果蜂群内缺蜜或贮蜜不足，会使大量的采集蜂不去采集花粉，而去寻找和采集花蜜。为此，要给巢内补喂糖浆并且要喂足。同时将群内的花粉脾抽出，妥善保存，留作缺粉时补喂蜂群用。使蜂群保持贮粉不乱，只够饲料用，并奖励饲喂，以刺激蜜蜂采集花粉的积极性。

4. 定时采收花粉

粉源丰盛的季节，又是流蜜期，应把生产时间错开。每天上午 11 时以前一般是蜂群大量进花粉的时候，将脱粉器安放在巢门前收集花粉，11 时后取下脱粉器，中午、下午生产蜂蜜。秋季向日葵、荞麦花期，取下脱粉器时，注意缩小巢门，预防盗蜂。在外界粉多蜜少而蜂群群势较弱的情况下，不必天天装卸脱粉器，可以专门采收花粉。但必须供给蜂群少量花粉，不能影响蜂群的正常繁殖。

5. 勤倒脱粉器托盘的花粉

大量进粉时，被脱下的花粉团容易堆积在托盘里影响蜜蜂的出入。同时少数蜜蜂把花粉团扒出托盘，混入沙子，影响花粉的质量，故要勤倒托盘上的花粉。每次倒出花粉后，应及时清理集粉托盘上黏附的残存花粉，保持清洁，以免变质花粉掺入新花粉中影响质量。

6. 保证花粉的质量

有病蜂群以及蜂场附近粉源作物施过农药，都不能生产花粉；蜂场周围保持清洁，经常洒水，防止沙尘飞扬，洗刷蜂箱前壁和巢门板，防止沙土污染花粉团。巢门方向宜朝西南，避免太阳直射巢门。

四、蜂花粉的干燥处理

蜜蜂采集的新鲜花粉含水量很高，通常在15%~40%，容易发生霉变、发酵；混在花粉中的虫卵，也会孵化成幼虫蛀食花粉；同时鲜花粉团质地疏松湿润，容易散团，不宜过多翻动。因此，脱粉器集粉盘里的花粉应及时取出进行干燥和杀虫。

蜂花粉的干燥方法很多，以远红外干燥法、热风干燥法、化学干燥法、真空干燥法、土炕烘干法的效果较好。用日光晒干法时，注意盖一层白纸或白布，避免太阳直射破坏花粉营养，如在阳光下直接晾晒花粉不加任何覆盖物是不正确的（图11-3）。花粉干燥到水分含量为5%以下，装在塑料袋内密封，放-20℃冷库冻24小时以上，方可贮存。

图11-3　蜂花粉的日光干燥

第二节　蜂胶生产

蜂胶是蜜蜂从植物幼芽及树干上采集的树脂，并混入其上颚腺分泌物和蜂蜡等加工而成的一种具有芳香气味的胶状固体物（图 11-4）。目前采收蜂胶的专用高级器具尚处于研制阶段。生产中使用的主要有如下收胶方法。

图 11-4　蜂群中蜜蜂采的蜂胶

一、直接收刮

用起刮刀直接从纱盖、继巢箱箱口边沿、隔王板、巢脾和箱体框、巢脾框耳下缘或其他部位等处，依次将蜂胶刮下，捏成小团。注意不要将蜡瘤、蜂尸、木屑等杂物混入（图 11–5）。

图 11–5　直接收刮的蜂胶

二、盖布取胶

用白布做盖布，先在框梁上横放几条木条、使盖布与上框梁保持 0.3~0.5 厘米的空间，促进蜂胶的积聚。取胶时，把盖布平放在铁皮盖上或干净的硬木板上，让太阳晒软后用起刮刀刮取。有条件的地方，也可把盖布放进冰柜，蜂胶冻结后变脆，提出敲搓蜂胶即可落下。刮完胶后，把盖布有胶面向下盖回蜂箱，使无胶面始终保持干净。经过 10~20 天，又可进行第二次刮胶。另一种方法是：在覆布下加一块与覆布大小一致的白色尼龙纱，同样使覆布尼龙纱与框梁形成空间，蜜蜂本能地采集树脂填塞空隙。在一般情况下，一个强群在 20 天里采集的蜂胶能把尼龙纱与覆布粘在一起。在检查蜂群时揭开箱盖，让太阳晒 2~3 分钟，蜂胶软化，轻揭覆布，粘结的蜂胶受拉力而成细条，然后再将覆布盖上，如此处理，黏稠的蜂胶丝柱使框梁与尼龙纱、尼龙纱与覆布之间又成空隙，便于继续收集存留蜂胶。也可在框梁上横放木条或树枝，加大空间。等尼龙纱两面都粘上蜂胶后，便可采收（图 11-6）。

图 11-6　覆布上的蜂胶

采收时，从箱前或箱后，用左手提起尼龙纱，右手持起刮刀，刀刃与框梁成锐角，边刮边揭，使框梁上的蜂胶全部带在尼龙纱上，直至全部揭掉。尼龙纱两对角折叠，平压一遍，让蜂胶互相粘结，再一面一面揭开，使蜂胶呈饼状，便于取下。再把覆布铺在箱盖上，用起刮刀轻轻刮取，尼龙纱下剩余的零星小块，可将蜂胶捏成球在尼龙纱上来回滚动几遍，胶屑便可全部粘结于球上，取完后，覆布和纱布再放回箱内，继续收集。在有条件的蜂场，把集满蜂胶的覆布和尼龙纱放进冰柜或冷库，冻结后，将覆布和尼龙纱卷起来用木棒轻轻敲打和揉搓，蜂胶可自然落下。

三、网栅取胶

将网栅式集胶器置于蜂箱巢脾顶部（图 11-7），通常放 10~20 天，待蜂胶集聚到一定数量时，将网栅集胶器取下，放进冰柜内冷冻使蜂胶变脆，然后取出敲击或刮取蜂胶。无论采用哪种方法取胶，采收的蜂胶都要认真处理干净，除去蜡瘤、木屑、死蜂等杂物，及时用塑料袋包好，并密封，防止蜂胶中芳香物质挥发，并注明采收地点和日期。

图 11-7　蜂箱巢脾顶部的网栅取胶